U0295749

本书系国家社科基金"中医药产业中动物利用的伦理困境与对策研究"资助项目；南京师范大学国家级一流本科专业建设点"哲学"、江苏省重点学科"哲学"资助项目

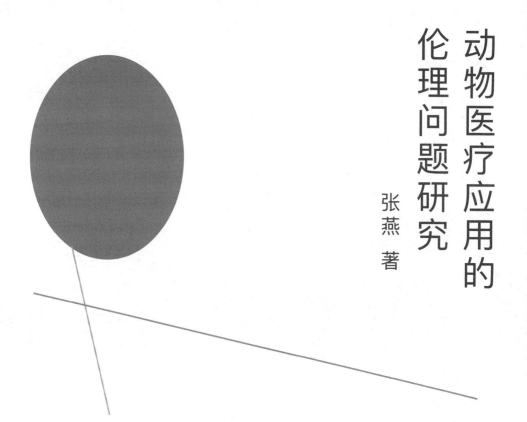

动物医疗应用的伦理问题研究

张燕 著

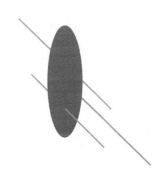

上海三联书店

序: 十年

张燕是我在南师伦理学专业招收的第一个博士生。

我已经不记得什么时候第一次见到她，也不记得什么时候接受了她跟随我攻读博士学位的申请，只是依稀记得，2012年，在她入学后的一天，她发来一条短信，说自己恐怕不能继续跟随我学习了。

回想起来，竟然已经整整十年了。

我不记得当时回复了她什么，只记得当时想，慢慢来吧，一切总会好起来的。

今天看来，那样的"预料"其实未免有些"鸡汤"，但出乎我预料的是：那篇论文的完成和博士学位的获得，仅仅用了三年；而这部书稿的修改和出版，却是十年之后。

这十年，于张燕而言，从仅仅语词意义上的伦理学"入门"，到成长为一名专业的伦理学教学和研究者，并非一句我们惯常用来感慨的"时间如白驹过隙"可以概括。很多时候，往事并不如烟。所以，再读书稿，虽然似乎还没有到写回忆录的年纪，也并不确定写出的一些内容最终是否会被张燕"许可"，但至少在此刻，我更愿意把这篇序言视为某种特殊的学术记忆和生活记忆。

张燕本科和硕士都是医学专业，硕士毕业后，她成为南师校医院的一名医生。我们的师生缘分有很多的机缘巧合。也因为她的专业和职业背景，以生命伦理作为博士论文的研究方向，几乎是在开启博士阶段的学习和研究之前就初步确定了。

那段时间，生命伦理几乎可以说是应用伦理学领域中最"火"的分支。国内外学术界集中出现了关于安乐死、克隆人、器官移植、辅助生殖等问题的大量讨论，于我而言，尽管有极大的兴趣，在讲授应用伦理学这门课程时也多有涉及，甚至动笔初拟过一些小文。但作为一个医学外行，总觉得自己在这个领域缺乏专业基础，力有不逮，对一些问题的思考似乎只是隔靴搔痒，写作也是浅尝辄止。所以，当张燕这个专业的"医生"出现的时候，生命伦理几乎成了无需思考和犹疑的研究方向。不过，在具体的选题方向和思路框架上，我们还是经过了一段时间的探讨。

自古以来，医疗都是与人类健康与发展关系最为直接的领域。作为一个医疗领域的"菜鸟"，我的粗浅认知是，传统医疗更多是基于经验的，现代医疗更多是基于技术的。费孝通先生曾经在《乡土中国》的开篇中提及，自己初次出国时，奶妈让带了一包灶上的泥土，以备水土不服时可以用来煮汤治疗。这样的例子，传统乡村生活中并不鲜见。在变迁缓慢的社会中，这种日常经验往往可以一传十、十传百而成为有效的医疗方式。现代医疗更多强调医、药的作用机理，并要求以充分的实验数据和临床数据作为佐证。由此，动物尤其是动物实验成为医学研究和医疗产业中不可或缺的重要内容。伴随着近代以来科学技术的迅猛发展，人类在医疗领域也享受着日益增长的健康福泽：不断研发的药品仪器，不断攻克的医学难题，不断提高的人均寿命……而与之相契合并互为推进的，是人类中心主义在世界观和价值观层面所获取的宰制性地位。

考察人类中心主义的思想源流，不难发现，亚里士多德的自然目的论、笛卡尔"动物是机器"的机械哲学观、康德的理性优越论等，都宣称人类在自然中的绝对主导地位和道德优越性。换言之，人具有至高无上的内在价值，非人类仅具有被利用的工具价值，动物为人类而存在。由此，人，也只有人，才是道德的主体，具有道德权利，享有道德关怀。人类利益始终占据首要和优先地位，并成为处理与非人类存在物之间关系的唯一价值尺度。

不过，随着 20 世纪工业化进程中环境危机的加剧，传统人类中心主义面临着双重挑战。一是理论层面关于环境伦理的讨论日趋热烈，引发了对人与自然关系的反思。20 世纪 80 年代以后，西方环境伦理学研究开始重新反思对待大自然的态度，探讨西方主流价值观与环境主义价值观是否相容问题，由此而出现的现代人类中心主义摒弃了传统人类中心主义的强式观点，在处理人与自然的关系问题上提出了满足人类"审慎的偏好"等弱式人类中心主义的价值理论。二是实践层面的动物保护运动日趋激烈，进一步从理论层面强化了动物解放论和动物权利论对于动物福利的道德辩护。辛格认为把动物排除在道德考虑之外与把黑人和妇女排除在外同出一辙，他从功利主义伦理原则出发，论证了有感觉能力动物的道德地位。雷根在批判功利主义的基础上发展了义务论传统，提出了动物"天赋地"拥有道德权利的观点。尽管这类学说立论根据不同，但主旨都是为动物福利辩护。

事实上，"走出人类中心主义"还是"走进人类中心主义"的争论，从 20 世纪末开始，始终是我国应用伦理学乃至整个伦理学界探讨的热点问题。迄今为止，围绕着上述问题，论争依然还在持续。与此关联，动物利用的道德正当性和伦理规约，也成为理论和实践中共同关注的话题。诚然，对动物权利的关注能够避免陷入强势人类中心主义，但依循其强调动物内在价值并拒斥工具价值的理论逻辑，显然无法为现实条件下的动物利用提供道德正当性辩护。由此而产生一系列的"两难问题"：人类利用动物的行动是否具有道德正当性？如果动物利用不能获得充分的正当性辩护，那么，人类以各种方式利用动物的行为是否需要预设某种正当性前提？基于人类健康目的，医疗领域的动物利用是否具有道德正当性？在实践中，医疗领域的动物利用是否具有某种伦理边界？显然，上述问题的探讨不仅有助于应用伦理学理论研究的拓展和深化，更有利于在实践层面为促进人类健康事业发展提供有效支撑。

然而，如果我们细加思索，就不免进一步陷入对于"两难"问题的

"两难"，即：当我们探讨医疗行业中动物利用的道德正当性问题，并强调这一探讨对于人类健康发展的重要性时，我们关注的究竟是"动物"还是"人"？换言之，对于动物的医疗应用而言，"人"与"动物"，谁之权利具有优先性？如果是动物，基于人类健康的动物医疗应用，其道德正当性何在？医疗领域的动物实验、动物生产、动物移植又何以为继？如果是人，此种优先性仅仅为动物医疗应用提供了目的上的正当性，还是同时提供了手段上的正当性？简言之，基于人类健康的动物医疗应用是否在"如何利用"上仍有进行伦理规约的必要？

可以说，动物医疗应用在理论和实践的双重困境，既是医疗行业中的"世界问题"，更是独特国情背景中的"中国问题"。众所周知，我国中医药事业历史悠久，动物药是中药资源中的重要组成部分，这也成为我国动物医疗应用方面的特殊国情。这一特殊性使动物医疗应用中的"两难"问题在中医药产业中更为凸显，因此，对中医药产业中动物利用的伦理问题进行深入反思和研究，也成为"中国国情"中更具有"中国问题"意义的学术话题。

现在想来，或许是这一问题的意义价值及其与张燕自身专业的契合，又或许是后来她所面临的特殊困境，反而使她无暇在选题上再纠结犹豫。总之，她似乎是一股脑地进入了这个"谁之权利？如何利用？"的难题中，以某种现在看来似乎不可思议的坚强和执着，按期完成了一篇高质量的博士学位论文。那两年，我被派至宿迁学院援建挂职，通常只有周末才能回宁。我们的论文交流，有时在医院，有时在家中，有时在星巴克；有时是肯定，有时是批评，有时是争论；有时谈文，有时论道，有时解惑……与其说是一种单向的指导与被指导，毋宁说是某种相互学习与共同成长，套用现在流行的语言，大概可以叫做"双向奔赴"吧。那一时期，我也正处于对工作和生活诸多变化不太适应的阶段，每一次与张燕讨论论文，听着她问出的问题，或是看着她在交流中突然明白某个问题时眼神中的欢欣，都会有一种特别的触动。有时候，我甚至会想，一个人在如此困难的境况中，依然可以专注地进入研究和写作的世界，简单而又纯粹，相比之下，我那些所谓的琐碎繁杂，不过只是些小 case 吧，let it be，let it be……

这部《动物医疗应用的伦理问题研究》，是张燕在其博士论文基础上修改完成的。从毕业到现在，竟然已经七年了。她带着小粉来拍毕业照，一如昨日。七年后的今天，我时时看到她晒出小粉无比治愈的笑容，听见她吐槽康康如何淘气黏人……也许，较之修改和完善一部生命伦理学关于动物应用的书稿，体悟人类最鲜活的生命本质，本身就有着更为重要也更具超越性的生命意义。

不过，尽管已经过去十年，关于动物医疗应用的伦理探讨不仅没有过时，其实践紧迫性却更为凸显。今年年初，中共中央办公厅、国务院办公厅印发《关于加强科技伦理治理的意见》，在谈及"尊重生命权利"这一原则时，专门提及使用实验动物应符合"减少、替代、优化"等要求。张燕在本书中不仅从理论层面阐释了动物权利与动物的道德地位等问题，分析了动物医疗应用的道德正当性与伦理边界，还提出了关于动物医疗应用中伦理规约与审查的初步设想。在我看来，这是极有价值的尝试和探索，充分体现出应用伦理面向实践的研究路向。但是，本书中关于动物医疗应用伦理规约与审查的设想仍然是"初步"的，既需要进一步深入的理论阐释，更需要医疗实践中的应用、反思、修正和完善。缘于此，我以为本书的出版至多只是一个"十年"的阶段性成果，我也期待并相信，下一个十年，张燕能够在这一领域持续研究，不断成长！

是为序！

王露璐

2022 年秋，于南师茶苑

前　言

　　长期以来，学界关于动物权利的争论一直存在。动物是否拥有权利，人类能否利用动物，人对动物负有何种义务，凡此种种，可谓聚讼已久。而在现实生产实践中，对动物的利用随处可见，人类对动物的利用究竟是否合乎道德常常困扰着人们，而基于健康目的的医疗领域动物利用更难以使人们形成统一的道德判断和价值取舍。2012 年年初，福建"归真堂事件"[1] 中，公众对"活熊取胆"是否合乎道德的质疑演变成一场关乎动物权利之争的公共伦理事件。这让我们看到，有必要在讨论动物权利的基础上对动物医疗应用这一具体问题进行更深入的伦理反思和分析，明晰在医疗应用中利用动物是否具有道德正当性、在多大范围内以及何种程度上利用动物合乎伦理规范，为进行中的医学科研和生产活动提供必要的理论支撑和合理的伦理边界与规约。

　　在现实生活中，人类利用动物的历史由来已久，从人类诞生至今，几乎在生产和生活的各个领域都有体现，在医学科学领域的利用尤为集中。在现代生物医学研究中，有四个主要因素：动物、仪器设备、信息和试剂。动物作为生物医学研究的材料和载体，在医药开发和医疗技术创新方面都起着重要的作用，并且享有无可替代的重要地位。随着生物医学的不断发展，动物利用逐渐成为一个特定的科学问题，在包括医学在内的生命科学、环境科学等领域被关注，关注的重点在于如何科学地

1　2012 年 2 月 1 日，中国证券监督管理委员会官方网站公布了公开发行股票申（转下页）

利用动物，并逐步形成了诸如实验动物科学之类的学科。而医疗应用领域内的动物利用成为一个特定的哲学伦理学问题，是在现代生物医学技术发展过程中巨量使用动物进行活体动物实验和动物权利运动兴起的共同背景下产生的。

动物权利运动的兴起让人们对于动物福利、利益和权利问题更加关注，使人们开始重视对动物内在价值和工具价值的考量，避免陷入强势人类中心主义的风险。然而，过度强调动物的内在价值而完全拒斥其工具价值也让生产、生活实践陷入进退两难的境地。医疗事业是人类健康的福祉，无论是生物医学研究，还是临床应用或教学实践，动物都在其中起着不可或缺的作用，从一定意义上讲，没有对动物的利用就没有医疗事业的进步，人类健康事业的发展也将停滞不前。尤其对我国而言，历史悠久的传统中医药事业是我国不同于西方国家的特殊国情，动物药是中药资源非常重要的组成部分，是中医药事业进一步发展的重要元素，对我国人民健康和国民经济发展都有着不可回避的重要作用。因此，无论是基于动物权利运动兴起和发展背景下，医疗领域利用动物进行正常科研和生产活动的应对需要，还是基于我国特殊的中医药事业发展需要，对动物医疗应用的问题进行深入的伦理反思和研究都是一项现实而迫切的任务。

就哲学伦理学研究而言，国外对于动物伦理问题的研究主要集中于对动物权利问题的探讨，并主要体现为主张动物利用的人类中心主义观、主张动物权利的非人类中心主义观，以及寻求人类中心主义与非人类中心主义共识的整合观点。

（接上页）报企业基本信息情况表，福建归真堂药业股份有限公司出现在申请之列，所属领域为中药制品。随后，归真堂谋求上市之举遭到以"亚洲动物基金"为主的动物保护组织的反对和抗议，他们认为归真堂药业"活熊取胆"的制药方式存在对黑熊的虐待行为，有违动物权利，证监会不该同意这种公司进入资本市场。2月6日，财经网发布《归真堂活熊取胆遭动物保护组织抵制　上市再遭阻击》一文，事件影响随即扩大，引起社会各界关注，由此引发了一场关于"活熊取胆"是否有违动物权利的公共讨论，归真堂谋取上市的进程也因此中断。

主张动物利用的人类中心主义观点最早可以溯源至亚里士多德。他在《政治学》中明确指出：一切动物从诞生初期，迄于成型，原来是自然预备好了的。自然为动物生长着丰美的植物，为众人繁育许多动物，以分别供应他们的生计。经过驯养的动物，不仅供人口腹，还可供人使用；野生动物虽非全部，也多数可餐，而且它们的皮毛可以制作人们的衣履，骨角可以制作人们的工具，它们有助于人类的生活和安适实在不少。如果说"自然所作所为既不残缺，亦无虚废"，那么天生一切动物应该都可以供给人类的服用。[1] 亚里士多德的自然目的论影响巨大，中世纪的基督教哲学家如奥古斯丁和托马斯·阿奎那又强化了亚氏的观点，认为动物缺乏理性，人类可以根据需要利用动物，这是上帝赋予人类的神恩。《圣经》中虽然包含有要求人们关心动物和其他存在物的内容，但这也是基于对人的关心，因为对待动物的残酷行为会鼓励和助长人对待他人的残酷行为。康德认为，人类对动物没有直接的责任。动物没有自我意识，并且仅仅是作为一种目的的手段，这种目的是人。我们对于动物的责任仅仅是对于人类的间接责任。动物的本性和人类的本性具有某些相似之处，我们通过履行对动物的责任来表明人类的本性，从而间接地履行了对于人的责任。

从一定意义上说，人类道德进步的历史同时也是道德关怀对象不断扩大的历史，当人类把道德关怀的对象从人类扩展到人类之外的其他存在物时，动物就成了这一扩展运动的首批受益者。彼得·辛格是动物解放运动的代表人物，其代表作《动物解放》在20世纪70年代后期掀起了动物保护运动的新动向。他认为平等的原则不应仅仅限制在人类中间，还应该将它扩展到动物身上，对此进行辩护的依据是动物也具有感受痛苦的能力。美国哲学家汤姆·雷根的《动物权利研究》从哲学高度系统论证了"动物拥有权利"这一命题，在他看来"不全面废止我们所知的动物产业，权利观点就不会满意"，从而进一步提出废除将动物应

1　[古希腊] 亚里士多德：《政治学》，吴寿彭译，北京：商务印书馆2012年版，第23页。

用于科学研究、取消商业性的动物饲养业、禁止商业性和娱乐性的打猎和捕兽行为等等激进的伦理要求。辛格和雷根二人合编的《动物权利与人类义务》为动物权利的辩论提供了一个更为全面的历史视角，对推动动物保护运动贡献卓著。弗兰西恩在其著作《动物权利导论：孩子与狗之间》中认为动物的利益具有道德意义，有感觉的动物具有"不应被当作工具而遭受痛苦"的利益而享有"不被作为物而对待"的道德权利。当代著名新康德主义者科斯嘉德（Christine M. Korsgaard）在其著作《伙伴生物》中致力于将康德的间接义务论改造为直接义务论，通过批评和重塑康德的理性、目的等概念来论证非人类动物也是"自在目的"，由此人类便对动物负有直接的道德义务。尽管科斯嘉德的论证也并不真正成功，但她沿袭康德所做的理论推进仍然重要，在动物伦理领域影响颇深。

　　也有一些学者坚持反对动物拥有权利。卡尔·科亨（Carl Cohen）认为"权利的概念在本质上属于人；它植根于人的道德世界，且仅在人的世界里才发挥效力和有适用性"。科亨指出人们不愿意直截了当断言动物不拥有权利是因怕被他人认为是冷酷无情的，人们混淆对动物的义务和动物拥有权利二者的关系，所有权利都包含义务，但并非所有义务都来自权利。科亨和雷根合著的《动物权利论争》是集中论辩动物是否拥有权利的代表之作。此外，澳大利亚哲学家约翰·帕斯莫尔（John Passmore）1974 年发表了《人对自然的责任》一书，他指出人对自然的责任归根结底是人对人自身和未来后代的责任，人对自然有温和的支配传统，即"托管人精神和协助自然"，人对动物具有管理责任。显然，科亨和帕斯莫尔都承认人类对动物具有一定的义务，但并不因为人类对动物应负有某种义务或责任就承认动物拥有主体意义上的权利。启蒙哲学家卢梭也在《论人类不平等的起源》序言中指出："由于它们没有智慧和自由意志，它们无法认识这个法则；然而，由于它们也具有自然赋予它们的感情，在某种程度上与我们本性相同，因而它们也应该享有自然权利；人类从而也应该对动物承担一定的义务。"[1] 可见，对动物权利的理论思考越来越倾向于权利与义务结合的全面研究。

当前，西方学术界更多是从人类中心主义和非人类中心主义的整合上探讨动物应用的伦理问题，既回避与非人类中心主义（动物具有内在价值）有关的形而上学问题，也注意避免强式人类中心主义（动物只有工具价值）的理论风险，寻求在合理形态的人类中心主义理论与合理形态的非人类中心主义理论之间达成谅解与共识的可能性、方式及哲学基础。霍尔姆斯·罗尔斯顿（Holmes Rolston）在《哲学走向荒野》等著作中突破传统的事实与价值分离的观念，将道德哲学和自然哲学紧密结合构建了整体性的生态伦理观，但他建立在形而上学基础之上的生态伦理思想难以面对现实生活中的复杂问题。"环境整合主义"者彼特·温茨提出"同心圆"理论，认为非人类生活主体在很大程度上"生存于"人类"居住的"同心圆外围的一个或更多同心圆中，扩展我们道德关怀之圆从而将这些动物包含在内，等于是承认它们在这些同心圆中的"存在"。[2] 在同心圆理论中，人类对非人类动物负有直接义务，但是人类因为居于同心圆的核心位置而享有更为积极的生存权、自由权以及追求幸福的权利。近年来，玛莎·纳斯鲍姆（Martha C. Nussbaum）与阿马蒂亚·森（Amartya Sen）等对动物尊严与道德地位问题进行了"能力进路"（Capabilities Approach）的分析与探讨，试图在人类与非人类动物之间建构一种跨物种的正义理论。"能力进路"的特殊性在于将善待动物的要求诉之于能力和尊严，而不是理性和某种权利。

事实上，对人与自然关系的思考是马克思主义哲学关注的重要问题之一。马克思、恩格斯在《1844 年经济学哲学手稿》《英国工人阶级状况》等重要著作中提出的对人与自然关系的辩证和整体理解能够为我们

1　[法]卢梭：《论人类不平等的起源》，高修娟译，上海：上海三联书店 2014 年版，第 27 页。

2　[美]彼特·S. 温茨：《环境正义论》，朱丹琼、宋玉波译，上海：上海人民出版社 2007 年版，第 414 页。

走出人类中心主义与非人类中心主义的二元对峙提供重要的思想启示。马克思指出，"人靠自然界生活。这就是说，自然界是人为了不致死亡而必须与之处于持续不断的交互作用的过程的、人的身体。所谓人的肉体生活和精神生活同自然界相联系，不外是说自然界同自身相联系，因为人是自然界的一部分。"[1] 尽管在马克思、恩格斯生活的年代，生态问题还不是社会的主要问题，他们对于人与自然关系的描述出发点并不是为了解决生态问题，但他们对人与自然关系的思考无疑显示出一种整体生态观的伦理视野。在马克思主义整体生态观的理论视野下，人是自然界发展到一定阶段的产物，自然界为人类提供了各种生产、生活资料，是人类生存和发展的基础。人类来源于自然，又通过实践活动不断改变着自然，在人类实践中将人、自然、社会有机统一起来。概言之，在如何对待人与自然关系的问题上，马克思主义整体生态观的基本立场是人与自然的"和解"，即人类在进行全部实践活动时应遵从自然规律，保护和优化自然环境，促进人与自然的和谐发展，并"按照美的规律来构造"。

国内哲学伦理学领域关于动物应用问题的研究主要集中于对中国传统思想中涉及人与自然、人与动物关系的经典文献阐释和解读，以及对西方理论成果的批判、吸收和适度推广。在中国传统文化中，儒家伦理在"天人合一"的认识论基础上提出"制天命而用之"的方法论，并以"仁者乐山、智者乐水"的要求作为对待人与自然的价值取向。在儒家看来，人对自然的利用只要能满足其家庭基本需求，便在一定意义上实现了其个人价值和社会价值。这使人们在生活资料满足到一定程度后，更多地转向精神修养和道德教化，儒家并不以鼓励人们不断拓殖物质财富和改进生产资料为主要目的。这在一定程度上促进封建礼教繁荣的同时也抑制了商业和科技的发展，从而阻碍了封建经济的进步。但从生态环境保护的角度来看，基于家庭主义之上的

1　《马克思恩格斯文集》第 1 卷，北京：人民出版社 2009 年版，第 161 页。

"制天命而用之"的行为规范在农业文明时期对自然环境的保护发挥了重要的积极作用，并且，那些转向精神修养和道德教化的努力最终成就了儒家思想中那些闪耀着生态伦理光辉的内容。在自然环境因人类活动日趋恶化的今天，儒家顺应自然的思想显得尤为珍贵，而且儒家伦理"乐山乐水"的内省与体悟也成为进一步引导人们热爱与保护自然的重要思想源泉。除儒家思想之外，佛教倡导以慈悲为怀，反对一切杀生行为；道家强调尊道贵生，要求像爱人一样爱护动物。尽管在人与动物关系方面都有着平等主义色彩的佛教和道教与倡导"爱有差等"的儒家思想有一些区别，但总体而言，"尊重生命，关爱动物"是中国传统文化思想的精髓，这对于现代生活中人如何对待动物仍然有着积极的指导意义。

近年来，我国伦理学界主要从生态伦理的视角探讨了动物利用中的伦理问题。著名环境伦理学学者余谋昌提出把可持续发展作为环境伦理学的基础，他认为，"人类中心主义的审美价值论、转化价值论，非人类中心主义的动物解放/权利论、自然价值论、自然权利论，生物中心主义的道义论、自我实现论等，其合理的、共同的、精华的部分，被广泛吸收到可持续发展的理论之中，产生了新的可持续发展环境伦理观，它是可持续发展的基本理论之一，从而成为可持续发展经济理论、财政理论、法制理论、资源理论、生产方式和消费模式的建立和实施的理论基础和先导。"[1] 因此，在处理人与动物关系时，特别是在牺牲动物利益来满足人类利益时，要以人和社会尺度、生命和自然界的尺度考量道德选择，达到人与自然和谐、可持续发展的目的。除了伦理学界学者对西方人类中心主义理论与非人类中心主义理论给出诸多全面评价和建设性意见之外，法学界亦有相关研究成果。崔栓林在《动物地位问题的法学与伦理学分析》中分别从法学和伦理学的层面探讨了动物是否可以成为司法主体、道德主体，尤其在伦理层面上基于康德道德哲学的理念，重

1　余谋昌、王耀先主编：《环境伦理学》，北京：高等教育出版社 2004 年版，第 345 页。

点批判了汤姆·雷根动物权利论的理论缺陷，提出了在动物客体论语境下对动物福利的法律保护理念和制度建设方向。张会永从康德义务论出发，分析了以科斯嘉德为代表的当代康德主义者们的直接义务论观点，以及对此持批评意见的反对者们为维护康德间接义务论所做的辩护，指出在康德伦理学的框架内，通过"双关性"（Amphibolie-amphiboly）概念使间接义务论能够容纳一种特殊形式的直接义务论，从而表明康德的动物伦理思想并非与当代环境伦理学主导的动物伦理思想格格不入，如果给以适当的解释便能够为当代动物伦理学的发展提供有益借鉴。

目前，国内外专门针对动物医疗应用伦理问题的研究还处于起步阶段，形成完整理论体系的理论成果并不多见，研究成果通常散见于一些调查研究和相关论文中。国外方面，雷根从"动物拥有权利"的角度明确指出"反对科学中的动物使用"。他认为"在科学中有三个主要领域在常规性地使用动物，它们是（1）生物学和医学教育；（2）毒理学实验——在此，新产品或新药可能给人类带来的有害作用首先在动物身上检验；（3）原创性研究和应用研究——不仅包括对各种疾病的病因和治疗研究，而且包括对活体器官的生化本质及活动规律的研究。"[1] 不难发现，雷根提出的这三个领域都跟医学有关，涉及医学实验、教学、应用等等，可以看出，雷根明确反对人类对动物的医疗应用。西德尼·简丁（Sidney Gendin）指出，在日用品、化妆品、科学、医学等产业和领域中大量使用动物，动物实验中存在大量不合理和残忍的使用，并提出新的技术手段应该替代活体动物实验，如计算机模拟、低等生物和植物替代方案、细胞组织培养等。[2] 一项关于对待动物权利运动态度的调查研究显示：80％的动物权利运动者认为非人类动物拥有与人类一样的价值，85％的动物权利运动者希望消除所有动物研究，但是他们在最该反

1　[美]汤姆·雷根：《动物权利研究》，李曦译，北京：北京大学出版社2010年版，第305页。
2　[澳]彼得·辛格、[美]汤姆·雷根编：《动物权利与人类义务》，曾建平、代峰译，北京：北京大学出版社2010年版，第211页。

对何种动物实验方面（心理学或医学）并未取得一致意见。[1] 国内方面，对于归真堂"活熊取胆"事件，杨通进指出："对于公众的这种反思和疑虑，我们应当站在生态文明的高度，而非工业文明的传统立场来做出回应。如果归真堂和其他以动物为原料的中药企业能够站在人与自然和谐的高度，履行人对动物的道德义务，满足动物福利需求，遵循 3R 原则，那么，它们的行为就是无可厚非的；反之，它们的行为就是难以获得伦理辩护的。"[2] 白晶则在考察动物道德地位的基础上为 3R 原则进行伦理辩护，从道义论、后果论，以及驳科亨反对 3R 原则的论证等几方面阐释了减少、替代、优化的伦理内涵和指导意义。[3]

　　总体上看，国内外学术界关于动物应用的研究表现出研究视角宽、涉及领域广、研究成果多的基本态势。从哲学伦理学的视角看，关于动物的道德地位、动物权利问题是研究中的重点问题。当前，具体针对动物医疗应用中的伦理问题的研究还相对薄弱，研究成果大多还处于零散的前理论状态，有待给予更加充分、系统、全面和深入的研究。因此，本书拟从动物权利的讨论入手，进一步分析动物医疗应用中的相关伦理问题，旨在为医疗领域利用动物的行为寻求合理的伦理理论支撑，为有中国特色的中医药产业中药用动物资源的合理利用和开发奠定伦理理论基础，并提供必要且适当的伦理边界和规约，为维护生态平衡、促进医药事业的可持续发展，寻求合理的理论路径和实践指导。

1　参见：S. Plous, "An Attitude Survey of Animal Rights Activists," *Psychological Science*, Vol. 2 (1991), pp. 194-196.

2　杨通进：《人对动物难道没有道德义务吗？——以归真堂活熊取胆事件为中心的讨论》，《探索与争鸣》2012 年第 5 期。

3　白晶：《动物实验"3R"原则的伦理论证》，《中国医学伦理学》2007 年第 5 期。

目 录

序：十年... 001

前 言... 001

第一章 人类健康与动物生存... 001
  第一节 动物医疗应用的伦理问题... 002
    一、实验动物的伦理问题... 002
    二、生产动物的伦理问题... 004
    三、移植动物的伦理问题... 005
  第二节 伦理视域下动物医疗应用的"中国问题"... 007
    一、"中国问题"的典型案例：归真堂"活熊取胆"事件... 008
    二、动物药替代的困难性... 010
    三、动物药替代的认识误区与新困境... 014
    四、中医药产业中动物利用的伦理困境... 018

第二章 动物权利论：形成、发展及其实践... 021
  第一节 素食主义传统与理论起源... 023
    一、西方哲学中的素食主义主张... 023
    二、东方宗教中的素食主义传统... 025
  第二节 生物平等主义的理论形态... 027

一、动物解放论... 027

二、"敬畏生命"的伦理... 029

第三节　动物权利论的两种形态... 031

一、强式动物权利论... 031

二、弱式动物权利论... 033

第四节　动物权利运动的发展与影响... 036

一、动物权利运动的目标... 036

二、动物权利运动的影响... 038

第三章　动物利用观：传统、演变与争议... 042

第一节　传统人类中心主义观... 043

一、自然目的论与神学目的论... 043

二、机械论与理性优越论... 047

第二节　现代人类中心主义观... 050

一、人对动物的道德关怀... 051

二、人对动物具有管理责任... 053

第四章　动物的道德地位：权利、能力与尊严... 055

第一节　生命主体与道德地位... 055

一、生命主体与固有价值... 056

二、动物权利与现实生活... 061

三、权利主体的扩张与道德地位的衡量... 064

第二节　动物权利与生物进化论... 067

一、自然选择与"弱肉强食"... 068

二、物种差异与物种歧视... 070

三、道德能力与道德权利... 072

第三节　能力进路与动物尊严... 076

一、谁的能力？... 077

二、如何计算？... 079

三、何种尊严？... 081

四、能力、权利与有尊严的生活... 085

第四节　道德共同体中的动物地位与人类责任... 086

一、"想象的共同体"与"扩展的共同体"... 087

二、道德感与道德地位... 090

三、道德要求的三种镜像... 094

四、道德共同体中的人类责任及其培育... 098

第五章　动物医疗应用的伦理共识与理论基础... 103

第一节　整体生态观的主要理论形态... 103

一、中国传统文化中的整体生态观... 104

二、西方整体自然观与生态中心论... 107

三、马克思主义整体生态观... 110

第二节　以马克思主义整体生态观构建动物医疗应用的
　　　　伦理基础... 114

一、人与动物的辩证关系... 115

二、人类中心主义观与非人类中心主义观的整合... 117

第三节　基于马克思主义整体生态观的价值、权利与实践... 120

一、内在价值与工具价值的转化统一... 121

二、人类义务与动物权利的双重考量... 125

三、现实需要与理想诉求的适度结合... 126

第六章　动物医疗应用的道德正当性与伦理边界... 130

第一节　动物医疗应用的道德正当性何以可能... 130

一、人类生物属性与道德属性的结合... 131

二、存在与价值的秩序权衡... 134

三、权利与义务的整体性关系... 136

第二节　动物医疗应用道德正当性的评价标准... 139

一、以"健康"为目的... 139

二、以"仁术"为手段... 142

三、以"互惠"为结果... 144

第三节　动物医疗应用的伦理边界... 148

一、人类生存原则... 149

二、人类基本利益优先原则... 152

三、人类有限发展原则... 154

第七章　动物医疗应用的伦理规约与审查... 157

第一节　3R 原则的应用及拓展... 158

一、核心精神：替代、减少、优化与责任... 158

二、拓展理论：尊重、审慎、仁慈与感恩... 160

第二节　弘扬生态诚信，重视人对物种的义务... 164

一、落实人对动物物种的保护义务... 165

二、合理发展动物药的代用品... 173

第三节　生产动物的伦理审查... 175

一、生产动物伦理审查的必要性... 176

二、生产动物伦理审查的目的、设想与建议... 179

结语　审视动物权利，促进医药事业健康发展... 182

参考文献... 188

后　记... 198

第一章　人类健康与动物生存

　　在早期的医学研究中，虽然也有人觉得对动物的利用过于残酷而表现出憎恶的感情，但总体而言，强烈反对或抗议的声音并不多见。进入20世纪后，随着科学技术的飞速发展，医学生物学领域的科学研究也前所未有地蓬勃发展起来，由此催生了对实验动物远超以往的需求，对动物日益频繁的使用和消耗引起了社会关注。同时，一些极具争议的生物实验，如哈洛的"代母"、"绝望之井"[1] 等实验对动物有着长久的禁锢与虐待行为，引起很多人的反感与抗议。随着环境伦理学的兴起，动物权利运动在世界范围内开展和推广，民众对动物保护和动物权利的意识逐渐增强，社会各界逐渐关注到动物利用的伦理问题。在医疗领域，动物实验是否具有道德正当性？医学事业的发展是否必须以牺牲动物生命为代价？医疗领域中对动物的利用是否有其伦理边界？诸如此类的问题日渐成为医学、哲学以及生物学界等社会各界共同关注的理论焦点，动物医疗应用的伦理问题亦由此形成。其主要矛盾在于，一方面，在生产实践中，各种新药、新技术、新疗法的产生和进步均离不开对动物的

1　"代母"实验是美国比较心理学家哈洛（Harry F. Harlow）为了解剥夺母爱这一情形以印度恒猴的婴猴作为实验对象进行的相关实验研究。"绝望之井"是哈洛为了解通过药物减轻精神状况的可能在恒河猴身上进行的相关实验研究。他建造了一个黑屋子，把一只猴子头朝下在里面吊了2年，这只猴子后来出现了严重的、持久的、抑郁性的精神病理学行为。即使在放出黑屋子之后9个月，这只小猴子还是只抱着胳臂呆呆坐着，而不像一般的猴子东张西望探索周遭。

利用；另一方面，以"动物解放"和捍卫"动物权利"为目标的动物权利运动宣称反对一切形式的动物利用，包括以人类健康事业为目的的医疗领域对动物的利用，他们采取各种行动干预和阻止动物利用行为，有的甚至严重影响到医学与生命科学的正常发展与进步，进而影响到人类健康事业的发展。

第一节　动物医疗应用的伦理问题

所谓动物医疗应用，从技术层面意指动物在各类药理毒理实验、生物医学教育中的使用，在各种动物药的生产和制备中的使用，以及人和动物间的异种移植使用等。为便于阐述，根据不同应用方向和用途，本书将医疗应用中的动物概括为实验动物、生产动物以及移植动物，并介绍这三类动物在医疗应用中存在的伦理问题。

一、　实验动物的伦理问题

根据中华人民共和国原国家质量监督检验检疫总局（现国家市场监督管理总局）和中国国家标准化管理委员会最新发布的《实验动物福利伦理审查指南》（GB/T 35892—2018），实验动物指所有"用于科学研究、教学、生产、检定以及其他科学实验的动物"。[1]

众所周知，动物实验是医学活动中必不可少的重要环节，是获得医学科研、临床应用的相关数据和基础理论知识的直接来源。一般而言，任何一种新药上市，都必须进行大量的动物实验以获得药效学研究数据和安全性评价依据。只有经过动物实验，充分证明对人体疾病有效且安全可靠后，才能进一步推向临床试验，直至获得相关部门批准投入生

1　GB/T 35892—2018 实验动物福利伦理审查指南。

产。实验动物除了作为新药研究的重要实验材料之外，在揭示人类生命现象的本质和疾病机理、深入认识健康与疾病转化规律，并按照这些规律创造防治疾病的医学技术方面也起着举足轻重的作用。无论是神农尝百草那样的古老"经验医学"，还是发展到现代的利用精密复杂科学仪器的"实验医学"时代，中外医学发展史都向我们展示了这样的事实，实验动物是医学事业最不可或缺的工具。在科学不发达的古代，动物被用来"试毒"。在科学日益发达的今天，动物的品种和其使用范围更加扩大，从无脊椎动物到哺乳动物，从离体实验到活体实验，实验动物随处可见。除动物实验为常见的动物医疗应用方式外，医学教育中也随处可见动物利用。在医学教育中，有很多以实验性科学为主的学科，如生理学、病理生理学、药理学等等，这些学科的教学课程无一例外地需要安排动物实验课程，并且绝大部分学术论文需要通过动物实验采集实验数据来完成。在医学科学研究和教学领域内，动物是进行实验研究和课程教学所必须具备的基本条件，动物实验在医学的发展过程中起着极其重要和推动性的作用。可以说，实验动物是医疗应用中不可或缺的重要载体。实验动物科学作为生命科学研究的基础和支撑条件也影响到诸多领域，特别是在医学领域，实验动物科学可谓是医学科学的基础学科之一，是医学科学发展必不可少的支柱学科。

近年来，反对动物实验的组织与个人层出不穷，而且他们各自基于不同立场有着不同的反对理由。强势动物权利论者认为动物拥有权利，他们反对一切形式的动物利用，因人类利益需要而牺牲动物的生命权有违动物权利原则，尽管医疗领域范围内的动物实验是为了人类健康的基本利益，也不能突破动物权利原则。有些反对者虽然在理论上承认动物实验对于医学科学和人类健康事业的重要性，但是在现实生活中，却因其对动物实验中动物所遭受残酷对待的直观感受而反对医学科研中的动物实验。有些反对者不反对将低等动物用于动物实验，但反对将猴之类的高级灵长类动物用于动物实验，其理由是高级灵长类动物与人类之间存在密切的亲缘关系。还有一些反对者因为抱持"不杀生"的宗教信仰，反对造成动物死亡的动物实验行为。对医学领域中的动物实验存有反对意见并不可怕，但在现实生活中难以掌控的是，反对动物实验的力量在激进动物权利论者或极端动物保护组织那里，常常演变为以捍卫"动物权利"为口号、盲目袭击医学科研机构实验室的暴力事件。这类暴力事件的损害程度各不相同，严重的暴力袭击事件会给医学科学发展带来不可估量的损失与打击。然而在现实生活中，各种反对动物实验的力量在面对自己需要医学救治时，很少有拒绝接受治疗的。正如德瓦尔指出，"没有一个急需药物治疗的动物权利的提倡者曾经拒绝过这种治疗。即使所有现代医疗方式都来源于动物实验，情况也是如此：任何一个走进医院的人都会当场利用动物实验的成果。"[1]

二、 生产动物的伦理问题

除动物实验之外，在医疗应用中，动物药的生产与使用也是非常重要的一个环节。临床应用中有许多不同用途的动物药制品，最常见的是利用动物生产的疫苗，以及诊断和免疫使用的血清等生物制剂，还有直接将动物的器官、组织或分泌物等不同部位用来入药的中药煎剂或中成药制剂。生产动物便是意指用于各类药品、疫苗、生物制剂等各种以动物为原料进行批量生产的这类动物的概称。

国内外每年都有大量的动物用于动物药制品的生产。在国际上，动物生化制剂非常普遍，例如，以地鼠肾制备乙脑及狂犬疫苗，用兔子生产各种免疫血清等等。在药物方面有利用动物脏器提取有效成分制备成药治疗相关疾病的，如临床常用的甲状腺素、胰岛素等。在胰岛素之后，又相继发现了肾上腺皮质激素和脑垂体激素等对机体的重要作用，使这类药物的品种日益增加。随着生物制剂分离、提纯技术的进步和精

1　[美]弗朗斯·德瓦尔等：《灵长目与哲学家：道德是怎样演化出来的》，赵芊里译，上海：上海科技教育出版社 2013 年版，第 74 页。

益，动物生化药物的研发和生产越来越多，在临床应用中也越来越广泛。

在我国，利用动物入药更是中医药传统医学与文化的特色。长期以来，动物药因其活性强、药效显著和相对经济实惠的价格等特点，备受医家和患者青睐，在中医药事业中占有极其重要的地位。并且，因动物药成分复杂，活性物质制备困难，难以被植物药及其他化学药品所替代，因此，其作用和地位就显得更加重要和珍贵。当前，一方面，随着中医药事业的进一步发展，药用动物资源的利用在总体上是趋于增长的，但因动物资源生长和繁育的特性，对其利用的速度远远超过了动物资源再生的速度。另一方面，传统中医药领域所利用的动物常涉及野生动物，如对棕熊熊胆的利用，对麝的麝香的利用，对羚羊的角的利用等等。环境的恶化和人类活动范围的扩大导致野生动物生存环境破坏严重，野生药用动物资源的品种与绝对数量都急剧减少，部分物种濒临灭绝，有的物种甚至已经枯竭消失。另外，传统中医药产业对动物的利用有时需要活体取药，例如"活熊取胆"，这种方式因其对待动物的手段在很多人看来过于残忍，也备受动物保护组织与动物权利倡导者的批评与责难。在国际贸易中，中医药产业也因此遭受到诸多商业排斥。由此，对待动物的方式和对野生动物物种的义务构成了关于生产动物的最主要伦理问题，这一问题在中医药领域尤其突出，这也是本书将要重点讨论的内容。

三、 移植动物的伦理问题

在医疗应用中，伦理问题比较突出的除实验动物和生产动物的应用之外，还有一个重要的方面，即用于异种移植的动物应用。异种移植是指以某物种的细胞、组织、器官作为移植物，移植到另一物种，称为异种移植（xenotransplantation）。[1] 随着外科技术的发展，将动物作为组

---

[1]　周光炎、孙方臻主编：《异种移植》，上海：上海科学技术出版社 2006 年版，第 1 页。

织、器官供体进行移植为人体疾病治疗提供了实践可能性。当前，克服急性排异反应等技术已经取得长足进步，在未来，异种移植技术极有可能应用于临床。然而，在异种移植逐步走向临床的过程中，除了面临超急性排斥反应之类的技术问题外，还面临着诸多伦理问题，例如，跨物种传播的人畜共患病风险、同一性问题、身份认同困难，以及供体资源管理和分配问题等等。

就跨物种传播疾病的风险而言，动物所携带的病毒等微生物可以感染人类细胞。例如，人们熟知的艾滋病病毒即人类免疫缺陷病毒（HIV）和曾经肆虐于西非地区的埃博拉（Ebola）病毒，据推测都源于非人灵长类动物。还有改变欧洲命运甚至人类文明方向的"黑死病"（鼠疫）也是一种跨物种传播的流行性疾病，在中世纪席卷了整个欧洲，致 2500 万人死亡，死亡人口占当时欧洲总人口的 1/3。黑死病的传播引起了欧洲社会政治经济巨大变革，对宗教改革、文艺复兴和启蒙运动影响至深。无论是黑死病，还是埃博拉，这类流行性疾病的共同点都在于动物病毒越过了物种屏障进入了人类体内，并在人群中传播，使人类陷入流行性疾病暴发，而且令人遗憾的是，当前医疗技术水平难以及时有效控制这类流行性疾病及其带来的巨大灾难。

就同一性问题和身份认同问题而言，不论是把动物器官还是组织移植到人体内，对于人的自然意义与社会意义都是一种挑战。因为异种移植使不同物种间的基因进行新的组合，这种物种之间的基因转移对"我们是什么"、"我们之间的关系如何"，以及"在进化过程中我们处于何种位置"提出了疑问。异种移植在一定意义上可被看作使人及其身体在某种程度上的"去人化"，使人的类属性发生改变，从而对"人之所以为人"的内在本质提出了根本性质疑。如果异种移植能够克服技术障碍进入临床应用，随着移植数量的增多和物种间基因转移领域的扩大，人类目前的生命体征与动物之间的明确界限会因此逐渐模糊，人与非人类动物之间将存在很多难以厘清的种群问题，最终会致使人类必须重新审视自身亘古存在的"人之所以为人"的合法性问题。

　　动物在异种移植中最重要的作用在于能够提供新的移植物来源，以缓解同种移植中供体短缺的问题，但同时也带来了动物供体资源的分配与利用问题。如何进行公正的分配与利用不仅是伦理层面需要面对的理论问题，也是公共卫生政策在实践层面需要面对的现实问题。鉴于目前绝大部分的异种移植仍处于研究阶段，并未实际应用于临床诊疗过程，因此本书暂不展开与此相关的动物伦理问题。

　　无论是医学实验中的动物利用，还是医药制品生产过程中的动物利用，或是异种移植中的动物利用，都存在一个共性，即为了人类健康利益而牺牲动物的生存权益。由此，医学事业的发展与动物权利的维护，人类健康利益与动物生存权益之间的矛盾是动物医疗应用中最为突出的伦理问题。而在我国，中医药事业是我国医疗卫生事业的重要组成部分，也是世界医学体系中具有中国特色的基本国情，而中医药产业中因存在利用野生动物入药的用药习惯和活体取药的特殊用药方式常常遭致批评和质疑，由此便形成了动物医疗应用伦理问题中特殊的"中国问题"。

第二节　伦理视域下动物医疗应用的"中国问题"

　　从动物医疗应用的不同技术层面来看，生产动物在国际范围内的使用多应用于疫苗以及生物药制剂的生产，所涉伦理问题并不凸显。但在我国传统中医药产业中，大量的动物药生产因活体取药的方式关涉动物权利问题，并且利用野生动物作为药用资源关涉物种种群的生存与发展问题，伦理问题较为突出。随着归真堂"活熊取胆"之类的事件被推上舆论的浪尖，动物医疗应用中的"中国问题"，即中医药产业中的动物利用现状及其伦理困境成为一个日益凸显而亟待解决的现实问题。

一、"中国问题"的典型案例：归真堂"活熊取胆"事件

2012 年 2 月，以亚洲动物基金会（下称"亚基会"）为首的动物保护组织向中国证监会提交了一封呼吁函，该函以福建归真堂药业股份有限公司（下称"归真堂"）存在虐待动物的行为要求驳回归真堂谋求在创业板上市的申请。随后，各大媒体也进行了相关报道和评论，归真堂"活熊取胆"[1] 的获取方式和行为一时间成为社会关注和议论的热点问题。就争议的规模和影响而言，这场风波由最初的能否上市的经济议题逐渐演变为一场围绕"活熊取胆"行为是否虐待黑熊、养熊取胆行业是否有违动物保护的伦理底线、是否符合生态文明要求的公共伦理事件。

毫无疑问，归真堂"活熊取胆"事件将中医药领域利用动物的一些负面情况空前暴露在国内公众和国际社会面前。在这场事件中，可以看到两大不同观点：一方面，以亚基会为首的动物保护主义阵营坚持认为，"活熊取胆"会对黑熊带来肉体和精神上的伤害，是一种极不人道的虐待行为，而且，天然熊胆粉完全可以采用人工熊胆粉来替代。因此，应该坚决反对归真堂上市，并取缔养熊取胆行业。另一方面，以中国中药协会为代表的中医药学界认为，"活熊取胆"对黑熊的肉体伤害很小，黑熊感受不到太多痛苦，而且熊胆在临床中具有不可替代的作用，因此，利用养殖黑熊制取熊胆粉实质上是对野生黑熊的一种保护，是符合药用动物资源的合理开发和利用的。在这两种观点的对峙下，"活熊取胆"究竟是否合理，是否合乎动物福利的伦理要求，这在现实

1　熊胆是指熊科动物黑熊或棕熊的胆囊，在诸多中医典籍如《普济方》、《千金要方》、《本草纲目》等中均有关于熊胆功用主治及其使用方法等方面的记载。在传统中药里，熊胆类属清热解毒药，其性寒、味苦，入肝、胆、心经，临床有清热、明目、镇静等功效，广泛应用于肝胆、心血管、肿瘤、急性传染病等疾病的治疗。黑熊因人们对其胆囊的需求而被捕杀的历史已有数千年。在"活熊取胆"术发明前，人得到熊胆的办法是剖腹取胆，一熊命换一熊胆。19 世纪 80 年代，"活熊取胆"技术从朝鲜传入国内，彼时取胆方法是用金属导管插入熊的腹部导出胆汁，抽胆汁的熊们会被穿上一种重达 30 斤的"铁马甲"以防止熊挠破胆汁袋和伤口。但此种取胆方式太过残忍，后来进行改良转而采用现代无痛引流技术。

层面也陷入了一种伦理困境。如果完全按照动物保护主义阵营的要求，停止一切养熊取胆的生产、商业、科研相关的活动，那么在现实社会中，人们出于对熊胆神奇临床效用的向往，野生黑熊必将惨遭那些受利益驱动者的屠害，最终导致物种灭绝。如果忽略动物保护主义阵营的要求，坚持并扩大养熊取胆行业的产能和规模，必将会遭到更多的抗议和反对，甚至发生以"解放动物"为目的而砸打养殖基地、攻击相关人员的暴力事件。

在对归真堂"活熊取胆"事件持有分歧意见的两方中，究其分歧的关键，在于天然熊胆能否被人工制品所替代。如果临床上可以完全替代，则取缔养熊取胆行业，改之以人工制品的思路完全可以被接受并在实践层面实现；如果临床上不能完全被替代，那么"活熊取胆"在何种程度上存在是可以被接受的，亦即其合理性的伦理边界如何是应该去面对和深入探讨的。然而，关于天然熊胆能否被人工制品替代在中医药学界内部也有着不同的观点和看法。

国内支持人工制品可以替代天然熊胆最有代表性的观点来自沈阳药科大学原副校长、人工熊胆研究课题负责人姜琦。他认为人工熊胆"经过一系列的动物实验，药理学、毒理学研究，证明与天然熊胆近似。一期临床试验，人工熊胆与天然熊胆按 1：1 等量替代，临床结果近似"[1]。首都医科大学教授高益民认为，动物原料药材不能被人工合成药品替代是一种认识上的误区，在目前的临床应用中已有一些代用成功的例子，比如，人工虎骨代虎骨、人工牛黄代牛黄、人工麝香代麝香。一些人士和机构存在夸大熊胆疗效的做法，药效试验设计不规范，样本量小，不符合试验标准因而在科学上应被判定为无效，"天然熊胆并不是必须使用的药材，不存在缺了熊胆就不能治疗的疾病。不能因为天然熊胆名贵稀缺，就说非有才行。"[2]

1　徐智慧：《归真堂上市风波：疼痛与愤怒的熊胆》，《中国林业产业》2012 年第 5 期。
2　唐凤：《人工熊胆　能否替代》，《科学新闻》2012 年第 3 期。

反对人工制品可以代替天然熊胆的具有代表性的观点多来自中医药学界和一线临床医师。中药协会有专家认为虽然目前有药物与熊胆功效类似，但并没有进展到完全可以取代的水平。"从临床效果上看，目前的科学技术制成的人工熊胆，虽然和天然熊胆有一定的相似功效，但和天然熊胆还是存在差距的。"[1] 中国药科大学周荣汉教授指出，目前还没有能完全替代熊胆的人造药品。"中药绝大部分来自天然，天然药物不可用一个单一的化学药物来取代。人工麝香和人工牛黄等替代品，因在药效成分等方面的差异，仍不能完全替代动物药。人工合成的熊去氧胆酸，只是熊胆五大类成分之———胆汁酸中的一个成分，不能完全替代熊胆。"[2] 在临床应用中，大部分中医药领域的专家倾向于认为，天然熊胆成分复杂多样，人工熊胆成分单一，无论用草药替代，还是人工熊去氧胆酸，都仅仅是部分替代熊胆的功效，而熊胆作为一个整体入药，发挥的是整体功效，目前技术水平下是无可替代的。

二、 动物药替代的困难性

为了解决动物利用与动物保护之间的现实困境，当前中医药科研与临床应用中最主要的解决思路是替代使用，即用人工制品或药效相近的动物材料替代野生动物入药。"解决药用动物资源问题，首先要大力开展药用动物人工驯养；二是结合动物药有效成分的研究，努力寻找珍稀动物类似品或代用品，如人工培植牛黄，熊胆汁，人工提取蜂毒，人工麝香、牛黄、蟾酥等；三是以生物多样性为基础的同种属或亲缘关系相近种属的生物之间的相互替代，如使用水牛角代替犀牛角，山羊角代替羚羊角，狗骨代替虎骨，灵猫香代替麝香等。"[3] 尽管这种替代思路看似

1　田雅婷：《活熊取胆："残忍"还是"不残忍"?》，《光明日报》2012 年 2 月 18 日。

2　唐凤：《人工熊胆　能否替代》，《科学新闻》2012 年第 3 期。

3　张辉、孙佳明、林喆等：《药用动物资源研究开发及可持续利用》，《中国现代中药》2014 年第 9 期。

能够解决药用动物资源数量减少和野生动物资源短缺的困境，但在现实操作层面存在着诸多困难，并且在理论层面也存在着一些认识上的误区，而且代用之后出现的新困境也值得关注与重视。

（一）动物药使用的历史地位与传统用药习惯

从传统用药习惯看，动物药在中医药领域中的应用由来已久，且占据重要的地位。早在战国时代的《山海经》中就有麝、鹿、犀、熊、牛等动物药的使用记载。我国现存最早的药物学专著《神农本草经》中收载僵蚕、地龙等动物药67种，占该书收载药物总量的18.36％。全世界最早的官方药典唐代《新修本草》共收载药物850种，其中动物药收载就有128种，占总收载的15.06％。在我国民众比较熟悉的明代大师李时珍编著的著名药典《本草纲目》中，动物药增至461种，占该书药物总数的24.4％。随着动物药研究和调查的深入发展，现代中药典籍中记载的动物药种类和功效分析更趋细致和完善，如《中华本草》和《动物本草》分别收载动物药1051种、1731种，《中国动物药资源》收载药用动物涉及10门、32纲、456科共2215种及亚种。2013年出版的《中国药用动物志》是目前全国收录品种最全、种类最多的一部动物药权威著作，共记载动物药2341种（亚种），分属13门、36纲、151目、426科；其中脊索类动物占较大优势，共计1203种（亚种），约占药用动物总数的51％。[1]

上述经典药物专著与文献资料中所记载的动物药种类繁多，一方面，反映了动物在中医药产业中有着相当悠久的使用历史，几乎伴随了传统中医药事业的产生和发展过程；另一方面，也反映了传统中医药事业中动物药具有非常重要的作用和地位，其数量之多和作用之广成为替代困难的重要因素之一。

---

[1] 李军德、黄璐琦、曲晓波：《中国药用动物志》第2版，福州：福建科学技术出版社2013年版，第11页。

（二）现代中医临床方剂中的动物药用量——基于《中医方剂数据库》数据分析

动物药在现代中医临床中的应用也非常广泛。本书对《中国药典》（2015 年）中的动物药情况进行了基于《中医方剂数据库》的数据挖掘（Date mining）分析。《中医方剂数据库》是江苏省方剂研究重点实验室开发并拥有自主知识产权的权威专业数据库，收载了从古至今中医典籍里记载的共 96592 首临床常用和经典方剂，是我国目前较为完备的方剂电子数据库。本书将 2015 年版《中国药典》中的 43 种动物药（正文共收载 50 种，未单独查询的 7 种药物说明如下：人工牛黄、体外培育牛黄在古方中没有相关记录，故无需查询；蜂胶包含在蜂蜜中一并查询；龟甲胶包含在龟甲里一并查询；鹿角胶、鹿角霜、鹿茸这 3 味药都包含在鹿角里一并查询）在《中医方剂数据库》数据库中进行查找并整理如下结果：地龙 659 首、僵蚕 2 220 首、土鳖虫 97 首、乌梢蛇 46 首、螵蛸 601 首、蛤蟆 52 首、蛤壳 17 首、蛤蚧 106 首、牛黄 1 845 首、龟类 615 首、蜂类 547 首、穿山甲 610 首、蟾蜍 549 首、蝉蜕 1 024 首、鳖甲 1 538 首、斑蝥 405 首、白花蛇 345 首、猪胆 151 首、珍珠 865 首、蝎 2 511 首、蜈蚣 419 首、瓦楞子 33 首、水蛭 274 首、麝香 5 292 首、蛇蜕 503 首、靳蛇 25 首、牡蛎 1 323 首、鹿 1 539 首、海龙 1 首、鸡内金 155 首、阿胶 1 854 首、冬虫夏草 23 首、蜂蜡 8 首、蜂蜜 73 首、龟甲 458 首、海马 44 首、海螵蛸 263 首、九香虫 4 首、鹿角 555 首、水牛角 123 首、桑螵蛸 326 首、血余炭 28 首、羚羊角 1 609 首、珍珠母 16 首。

虽然动物药总量在所有中药药物里占比重只有 10% 左右，但作为复方用药习惯的中医药方剂而言，因为各种配伍的要求，动物药分布在各类临床常用方剂中。目前可检索到的包含在 2015 年版《中国药典》中的 43 种动物药所涉及的方剂总量达将近 20 347 种（具体操作方法：将所有数据库检索出来的 txt 格式里的数据文本导入到同一个表格里面，选定表格里的文本数据进行排序，选定排序后的所有"编号"文本，借助"删除重复项"功能，将重复的编号删掉，剩余的便是未重复的编号，最后一个编号所在的行数就是未重复方子的个数，原先检索数据为29751首，经删除重复项后剩余20347首），占《中医方剂数据库》总方剂量21.06％。如果按照强式动物权利论所声称"废止一切动物产业"的要求，便意味着目前五分之一的临床在用方剂将受到影响。据此可以预见的是，全面停止使用动物药必将给中医药事业带来不可估量的损害，甚至有可能是毁灭性的打击。

（三）动物药药效多样性与制备过程的技术复杂性

动物药在传统中医药中被概括为两大特性：一为"血肉有情之品"，可滋补精血，滋阴壮阳；二为"行走通窜之物"，具有破血逐瘀、攻坚破积、祛风止痒、消症散结等独特作用。从现代药理视角看，这两大特性主要是指动物药具有生物活性物质多，生物活性强的药效特点。当前，在中医临床中，将现有动物药功效概括为散风解表、清热安神、利尿渗湿、平肝熄风、活血化癥、理气、止血、补益、生肌、收敛、明目、解毒等至少18种重要功效，具体表现在对神经系统的镇静、抗惊厥以及解热镇痛作用；对血液系统的抗凝、纤溶、抗血栓及影响血流变学的作用；对心血管系统具有降血脂、降压和抗动脉粥样硬化的作用；对免疫系统具有免疫调节、抗炎、抗肿瘤作用；以及抗病原微生物、抗自由基、抗衰老等作用。由此看出，动物药药效的多样性成为中医药在临床诸多系统的应用中能够取得明显疗效的重要因素。同时，这种药效多样性也是植物药和人工制品通常难以达到和具备的，这也是动物药在临床应用中难以替代的重要原因之一。

现代制药技术给动物药的应用带来了新的方式和前景，但就目前的制药技术水平而言，仍然没有能够全面解决由于动物药活性成分复杂而带来的分离和制取困难等关键技术问题。动物药富含蛋白等生物信息大分子物质，与植物药富含次生代谢产物不同。一方面，"动物药材在炮制成饮片的过程中，其外在可视特征与内含化学成分均产生很大变化，鉴定技术研究的难度也随之增加。"[1] 另一方面，"动物药成分较为复杂，而且分离较困难，很多成分紫外吸收能力弱，检测手段不灵敏，很多种动物药的药用物质基础尚不明确，与植物药相比动物药的研究相对落后，对动物药质量的评价也同样存在较大的难度。"[2] 这些因素给对动物药材药用物质基础的进一步了解带来困难，进而对其药效、药代动力学评价也难以完成。因此，制备过程的复杂性直接成为动物药替代困难的具体技术因素。

三、 动物药替代的认识误区与新困境

当前，动物药替代思路不仅存在着诸多现实困难，而且很多人对此还存在一些认识上的误区。这种认识误区主要在于认为替代即以人工制品完全取代天然动物，在整个过程中不再需要利用天然动物。本书将以牛黄和麝香为例分析关于动物药替代的认识误区。牛黄和麝香是医学科研与临床中广泛应用的动物药，也是现有动物药中有成功替代品、且被大众熟知的动物药，并且在权威资料《中国药典》中都有具体的相关说明。在动物药替代研究和应用领域，牛黄和麝香具有广泛的代表性，因此，本书选取这两味药为代表来进行分析。

在 2015 年版《中国药典》中，牛黄有三种：牛黄、人工牛黄、体外培育牛黄。牛黄：牛科动物牛的干燥胆结石。宰牛时，如发现有牛黄，即滤去胆汁，将牛黄取出，除去外部薄膜，阴干。功能与主治：清心、豁痰，开窍，凉肝，息风，解毒。用于热病神昏，中风痰迷，惊痫抽搐，癫痫发狂，喉咙肿痛，口舌生疮，痈肿疔疮。[3] 人工牛黄：由牛胆粉、胆酸、猪去氧胆酸、牛磺酸、胆红素、胆固醇、微量元素等加工

1　徐莹、陈晨、沈玉萍等：《动物药鉴定的研究现状与对策探讨》，《中草药》2014 年第 4 期。

2　孟祥才、孙晖、王振月：《从生物学角度探讨动物药的特点》，《中药材》2014 年第 1 期。

3　国家药典委员会：《中华人民共和国药典（2015）·一部》，北京：中国医药科技出版社 2015 年版，第 70 页。

而成。人工牛黄原料中的胆红素由猪（或牛）胆汁经提取、加工而成；猪去氧胆酸由猪胆汁经提取加工而成；牛胆粉由牛胆汁加工而成；胆酸由牛、羊胆汁或胆浸膏提取、加工制成；胆固醇由牛、羊、猪脑经提取、加工而成。功能与主治：清热解毒、化痰定惊。用于痰热谵狂，神昏不语，小儿急惊风，咽喉肿痛，口舌生疮，痈肿疔疮。[1] 体外培育牛黄：以牛科动物牛的新鲜胆汁作母液，加入去氧胆酸、胆酸、复合胆红素钙等制成。功能与主治：同天然牛黄。去氧胆酸由牛胆汁经提取、加工制成；胆酸由牛、羊胆汁或胆浸膏提取、加工制成；复合胆红素钙由牛胆汁、胆红素和饱和氢氧化钙溶液加工而成。[2] 从药物组成看，天然牛黄取自于牛的干燥胆结石。人工牛黄中牛胆粉由牛胆汁加工而成；胆红素由猪（或牛）胆汁经提取、加工而成；猪去氧胆酸由猪胆汁经提取、加工而成；胆酸由牛、羊胆汁或胆浸膏经提取、加工制成；胆固醇由牛、羊、猪脑经提取、加工而成。体外培育牛黄中去氧胆酸由牛胆汁经提取、加工制成；胆酸由牛、羊胆汁或胆浸膏经提取、加工制成。尽管人工牛黄与体外培育牛黄都不直接来源于牛，但仍以牛、猪等动物的胆汁等为原料，其药品来源仍源于动物。可见，无论是人工牛黄，还是体外培育牛黄，仍然离不开对动物的利用。

　　另一种被大众熟知的名贵动物药材麝香也已经成功研制出替代品人工麝香。然而，深入了解人工麝香的生产过程，即可发现人工麝香的"人工"也只在获取手段上是人为方式，并不是完全脱离动物的纯人工制品。人工麝香的制作过程是把林麝雄兽麻醉或者固定住，以人工手段往麝囊里添加飞虫后再把雄林麝放走，过几个月后再将其抓回，取出固化了的麝香。由此可见，人工麝香的获得也仍然来源于麝这种动物。因此，动物药的替代使用并不像人们想像中的加了"人工"或"体外培育"等技术字眼就能完全脱离对动物的利用，其从根本上仍然依赖动

1　国家药典委员会：《中华人民共和国药典（2015）·一部》，第5-6页。
2　国家药典委员会：《中华人民共和国药典（2015）·一部》，第173页。

物，只是在利用的方式和手段方面有所不同。

除了上述认识误区之外，动物药替代使用的方案不能完全解决临床应用中的药效变化，特别是人工替代品疗效降低、副作用增大的问题，以及替代使用后出现新的种群数量减少和资源匮乏的问题也不能忽视。

（一）疗效降低和副作用增大

仍以牛黄与其替代品为例。在药物疗效方面，张建英等通过实验发现天然牛黄与人工牛黄在显微及薄层层析上均有明显的区别特征，且二者所含成分不尽相同，天然牛黄中不含猪去氧胆酸，利用该法可将二者准确区分开来。据此他们认为，由于人工牛黄与天然牛黄在其主成分（胆红素）含量、临床疗效及价格上相差悬殊，安宫牛黄丸的生产以用天然牛黄为妥（安宫牛黄丸为临床急救药，天然牛黄为主要治疗药物之一）。[1] 在药物副作用方面，从《中国药典》中描述的药物副反应看：天然牛黄与人工牛黄都没有特殊的副反应说明，而体外培育牛黄在注意事项里有特殊说明："偶有轻度消化道不适"。这从一个侧面反映了体外培育牛黄的副作用在某种程度上可能大于天然牛黄和人工牛黄。

可见，人工制品虽然在一定程度上可以替代天然药物，但综合其疗效和副作用来看，天然药物在临床应用中的优势更为明显。也正因为如此，国家食品药品监督管理局在《关于牛黄及其代用品使用问题的通知》中对牛黄及其代用品的使用作了一系列规定：对于国家药品标准处方中含牛黄的临床急重病症用药品种，包括安宫牛黄丸等 42 种和国家药品监督管理部门批准的含牛黄的新药，可以将处方中的牛黄以培植牛黄、体外培育牛黄替代牛黄等量投料使用，但不得以人工牛黄替代；其他含牛黄的品种可以将处方中的牛黄以培植牛黄、体外培育牛黄或人工

---

[1]　张建英、薛东升：《安宫牛黄丸中天然牛黄与人工牛黄的检识》，《中成药》1993 年第 9 期。

牛黄替代牛黄等量投料使用。[1]

（二）导致代替品出现新的减少和匮乏

在替代思路中，除人工饲养的动物外，主要是以当前物种种群存量稍大的野生动物资源替代种群存量较小和濒临灭绝的同类野生动物。最典型的案例是用水牛角替代犀牛角，豹骨替代虎骨。国务院于1993年5月发布《关于禁止犀牛角和虎骨贸易的通知》后，犀角和虎骨都不能作为合法药材在临床中使用。为了达到相似的临床疗效，便开始以水牛角替代犀角，有段时间甚至以羚羊角替代犀角。这种替代的直接后果是种群存量本来就不大的羚羊随着临床应用的增多而急剧减少，也跟犀牛被无度滥用的悲剧后果一样走向物种濒危状态，水牛数量虽然没有遭致灭绝性的减少，但近年来水牛数量也明显下降。以豹骨替代虎骨的境遇也如出一辙，目前野生豹的种群数量也接近濒危。可见，以同类野生动物药替代濒危野生动物药会导致野生动物资源进一步的减少和匮乏，进而影响生态环境的平衡与和谐。

应当看到，药用动物的研究和应用将随着现代科学技术的进步而不断发展。2018年修订的《中华人民共和国野生动物保护法》规定："对人工繁育技术成熟稳定的国家重点保护野生动物，经科学论证，纳入国务院野生动物保护主管部门制定的人工繁育国家重点保护野生动物名录。对列入名录的野生动物及其制品，可以凭人工繁育许可证，按照省、自治区、直辖市人民政府野生动物保护主管部门核验的年度生产数量直接取得专用标识，凭专用标识出售和利用，保证可追溯。"（第二十八条）"野生动物及其制品作为药品经营和利用的，还应当遵守有关药品管理的法律法规。"（第二十九条）明确的法律条款反映我国在国家层面十分重视动物药资源的利用及其替代困难性问题，并对此放宽了政策

1　国家食品药品监督管理局：《关于牛黄及其代用品使用问题的通知》，《齐鲁药事》2004年第1期。

限制。中医药科研工作者应当抓住这一重大的政策机遇，冷静思考动物利用与动物保护之间的关系。一方面，要重视动物权利主义者"清空牢笼"、"动物解放"的道德关怀扩展意愿，在中医药产业各个涉及动物利用的环节中，尊重动物权利，不断提高动物福利；另一方面，也要正视当前动物药资源替代存在的诸多现实困难，对实践层面的操作性问题积极寻求解决方案，对认识层面的误区问题给予公众合理的科学解释，并尽量避免动物药资源替代过程中发生新的物种匮乏与濒危。

四、 中医药产业中动物利用的伦理困境

归真堂"活熊取胆"事件引起的公众舆论风波虽已经渐渐平息，但通过这场事件可以看到，当前我国中医药产业中的动物利用现状存在着不可回避的伦理困境。

一方面，中医药事业是具有中国特色的医疗事业，动物药是中医药事业中非常重要的组成部分，经历了千百年的考验与发展，为中华民族的体质健康事业作出了巨大贡献。如果诸如熊胆之类的动物药都能成功研制出人工代用品，对我国中医药事业的发展将是一种重要的推动；但如果人工制品代替不能取得满意的临床疗效，同时又面临动物保护主义强烈的反对利用动物入药，则对我国中医药事业的发展将是巨大的打击和毁损。就目前的现实情况来看，虽然熊胆的人工制品已在积极研制中，但现阶段技术水平下人工制品尚不能完全替代天然熊胆药物。即便是已经成功研制的可以替代天然牛黄和麝香的人工牛黄、人工麝香其原材料的获取也仍然来源于动物，如果严格讨论其所属范畴，从原料来源这一角度考虑仍应将这部分药品划入动物药范围。可以说，无论是当前，还是未来很长一段时间内，中医药产业的发展都很难脱离对动物的利用。

另一方面，随着动物权利运动的发展和人类对待动物态度观点的改变，越来越多的理论和实践研究开始关注动物权利与动物福利。在归真

堂事件中，"活熊取胆"是不是虐待动物的行为、是否侵犯了熊的利益？如果"活熊取胆"侵犯了养殖熊的利益，那么是一头农场养殖的熊不遭受伤害的利益重要，还是野生黑熊这一物种不受灭绝的整体利益重要？如果熊胆之类的动物药在没有实质意义上的人工代用品（从原料开始就不利用动物的实质意义）时，人类是放弃动物药对人类健康的巨大作用，还是继续以伤害动物为代价获取人类的健康利益？这一系列的问题展示了医疗应用中人类对动物利用的伦理困境。而对中国特色的传统中医药产业而言，是遵从英美等国提出的限制传统中医药使用动物的要求，放弃中医药事业在国际社会的发展，还是继续在中医药产业中深化对动物的利用以谋求中医药事业的进一步发展，也是一个现实而严峻的问题。

进一步而言，面对动物权利运动提出的动物保护和动物福利要求，必须考虑医疗领域动物利用的伦理正当性，才能给现行的动物利用模式以及未来的深度利用一个合理的理论依据。在人类健康与动物生存的不同利益之间，究竟该如何选择，获取人类健康是否能以动物的痛苦甚至生命为代价？强势动物权利论者所主张的动物利益该如何对待，动物的内在价值与工具价值秩序应该如何排序？如何给动物医疗应用设定具体的伦理边界与实践规约？在我国中医药事业走向国际化的过程中，如何处理好中医药产业中动物利用的现实与世界范围内的动物权利运动之间的关系？这一系列的伦理问题群既是本书写作的出发点，也是本书试图在阐释相关理论的基础上有所回应和突破的方向。

面对这一系列的问题群，首先需要梳理的基本关系便是人类与动物的关系。人类与动物相互依存地栖居于地球环境中是生态学的基本观点，而人与动物之间的关系则是伦理范畴的事情。在人与动物的关系之中，谁是最重要的？谁才是一切事物的目的？谁的利益或价值才是解释或评价一种行为的依据？人类能否利用动物？动物是否拥有与人类一样的权利？对诸如此类问题的不同回答构成了不同的动物伦理观。从动物伦理观的历史传统与演变来看，主要存在两大理论派别，非人类中心主义立场的动物权利论与人类中心主义立场的动物利用观。在这两大理论阵营内部，因为时间沿革、观点强弱、价值立场等不同因素，又有着诸多不同的理论，本书将逐一论之。

第二章　动物权利论：形成、发展及其实践

　　1892 年，英国学者亨利·塞尔特在《动物权利：与社会进步的关系》中首次提出"动物权利"概念。他认为如果人类拥有生存权和自由权，那么动物也拥有，对低等动物的同情心和善良与承认动物具有权利是不同的，应制定动物权利基本框架并提出有效措施防止动物权利遭遇侵犯。[1] 他还主张驯养动物和野生动物都享有权利，包括享有自然生命和有限自由的权利，免受不必要痛苦和免受奴役的权利，享有被善待的权利，而实现这些动物权利则要通过教育和立法手段。当代哲学家戴维·德格拉齐亚则把动物权利概念阐述为三个层次的意义：道德地位意义上的、平等考虑意义上的、超越功利意义上的。[2] 这三个层次的意义是逐步增强的，道德地位意义上的动物权利在于强调动物至少有一些道德地位，动物不是仅仅作为人类的工具而存在的，它们应当由它们自身的缘故得到善待。平等考虑意义上的动物权利主要强调动物也有着与人类相似的利益，这些利益应当给予平等的考虑。超越功利意义上的动物权利在于强调动物拥有一些根本利益，即便是为了人类社会功利最大化的目的也不能牺牲动物的根本利益。无疑，现代动物权利的概念内涵已经较为丰富和全面，要理解这些概念还必须先理解动物权利概念的基本

1　曹菡艾：《动物非物：动物法在西方》，北京：法律出版社 2007 年版，第 129 页。
2　［美］戴维·德格拉齐亚：《动物权利》，杨通进译，北京：外语教学与研究出版社 2007 年版，第 151 页。

范畴。

　　权利有法定权利和道德权利之分，在关于动物问题的论辩中，对权利的主张通常并不是（或并不仅是）对法定权利的要求，而是（或更进一步的）对道德权利的要求。原因在于，法律上的权利与义务有着严格的对等要求，法律权利只能是同样能够承担法律义务的法律主体才能享有。法学界对动物是否拥有（或能否拥有）法律上的主体地位一直存有很大的争议。当前，绝大多数观点认为，无论是从立法目的，还是从法律关系、法律逻辑的角度分析，动物都不具有法律意义上的主体地位。在法律关系中，如果承认动物拥有权利主体地位，由于因动物生命特征所限，要实现与法律权利对等的法律义务则存在着先天的、不可逾越的障碍。因而在当前世界各地的法律体系中，大多数国家的现有立法仍然认为动物不具有法律权利。

　　相较于法律义务同法律权利相对应的情况，道德义务与道德权利并不表现为简单的对应关系。道德义务并不以道德权利为基础，在很多情况下，道德义务与道德权利是相对分离的，动物权利就是典型的道德义务与道德权利相分离的表现。另外，本书是基于哲学方向和伦理学语境的一种理论探讨，本书中对动物权利的讨论是侧重于道德层面的。动物权利运动的最知名代表人物和精神领袖美国哲学家汤姆·雷根（Tom Regan）认为，"动物就与我们一样，具有特定的基本道德权利，尤其包括得到尊重的根本权利，从严格正义的角度看，这项权利是它们作为固有价值的拥有者所应得的。"[1] 在雷根的这一阐述中，也明确表示他所主张的动物权利是一种道德权利，这种道德权利在本质上并不由任何权威司法机构宣布，是一种先于或独立于任何法律规章制度而存在的权利。

　　20 世纪 70 年代之后，西方"非人类中心主义"思潮兴起，它主张人与自然不应处于对立状态，应将非人类存在物纳入道德关怀对象，于

1　［美］汤姆·雷根：《动物权利研究》，第 277 页。

是动物成为这一道德关怀对象扩展运动的首先受益者，动物权利论以一种显性的理论形态逐步进入人们的视野，动物权利运动也随之蓬勃发展。就动物权利论而言，其理论的形成和发展大致经历了早期素食主义传统、动物解放论、生物中心论、以雷根为主要倡导者的动物权利论及其后来的相关补充与发展理论。

第一节　素食主义传统与理论起源

动物权利论无疑是一种现代理论，但其理论渊源可以追溯到古代社会的素食主义传统。无论是在东方，还是西方，素食主义思潮都在人类生活史上占有重要的一席之地。

一、 西方哲学中的素食主义主张

毕达哥拉斯是古希腊著名哲学家，也是早期最有影响力的一位素食主义者，曾被誉为西方"素食主义之父"。在个人生活中，他拒绝肉食，也以此来要求他的学生和追随者们。在社会生活中，他倡导禁止杀生、禁止粗暴流血，特别是禁止将动物作为祭祀物品。他的这一主张得到包括苏格拉底、柏拉图在内许多重要人物的认同，素食的生活方式一度在古希腊被视为是智者的生活方式。在素食主义（Vegetarian）一词被创造出来之前，不吃肉的人或倡导素食主义生活方式的人通常被称为"毕达哥拉斯的信徒"。尽管毕达哥拉斯没有留下任何著作来描述他的不食肉行为和素食主义主张，也有很多研究者对他的具体饮食细节感到困惑，但在一些文献记载中还是能捕捉到相关信息。"毕达哥拉斯学派的成员重新引进，教导我们如何避免不义的行为，获得最大的利益，不要虐待和杀害动物，运用温和与友爱的方式将它们驯服，提供人类有力的帮助，这种做法真正符合自然之道。"[1] 也有人推测毕达哥拉斯不食肉跟他的灵魂轮回学说有关系，他认为人类与动物都拥有灵魂，人类如果吃肉就会有一部分人类灵魂被动物灵魂所消耗。[2] 柏拉图深受毕达哥拉斯这种观点的影响，他也认为哲学家应该坚持素食以保持灵魂的纯洁。斯多葛派哲学家马可·奥勒留在《沉思录》的"保持灵魂的良好状态"这一篇章中指出，"当肉食摆在我们面前时，我们的心中应该闪出这样一些念头：这只是一条鱼的尸体，或是一只鸟或一头猪的尸体；……这些就是我们的印象，直指事物并深入事物的内在，唯有如此我们才能认清事物的本质。"[3] 可见，在奥勒留看来，食肉，即食用动物尸体的行为是不利于保持灵魂良好状态的行为，要想保持灵魂的良好状态，则不能食肉。与现代动物保护主义立场不同的是，早期素食主义的出发点在于保护用餐者的灵魂，而不是动物的福利或利益。

在希腊共和时代，还有一位重要的哲人普鲁塔克将自己视为虔诚的柏拉图主义者，在其论著《道德论丛》中用了三个篇章专门论述了动物问题。在他看来，动物在理性、智识等方面均与人类并无本质差异，他甚至认为"全世界所有的生物当中，只有人类欠缺理性和良知"。[4] 尽管普鲁塔克对理性的这一说法有点夸张和失实，但基本上表明了他认为动物也具备理性的看法。这一看法在后来的西方哲学家中也有持同样观点的，休谟在《人性论》中明确指出，"在我看来，最明显的一条真理就是：畜类也和人类一样赋有思想和理性。这里的论证是那样明显的，以致它们永远不会逃掉最愚蠢、最无知的人们的注意。"[5] 在对于人类能否吃肉的问题上，普鲁塔克认为"吃肉不仅是身体违背自然律，过分餮足

1　[古希腊] 普鲁塔克：《普鲁塔克全集》第四卷，席代岳译，长春：吉林出版集团股份有限公司 2017 年版，第 1725 页。

2　Stephen T. Newmyer, "Plutarch and Shelley's Vegetarianism," *The Classical Outlook*, Vol. 77 (2000), pp. 145 - 148.

3　[古罗马] 马可·奥勒留：《沉思录》，蔡新苗、史惠莉译，北京：中国华侨出版社 2010 年版，第 27 - 28 页。

4　[古希腊] 普鲁塔克：《普鲁塔克全集》第四卷，第 1775 页。

5　[英] 休谟：《人性论》上册，关文运译，北京：商务印书馆 1997 年版，第 201 页。

会使人变得粗俗不堪。"[1] 普鲁塔克的这种观点与柏拉图认为人类与动物共同分享灵魂是类似的，他们的共同点在于不吃肉是为了保持人的灵魂清净不受玷污。但普鲁塔克并没有停留在柏拉图的这一层面，他还进一步指出，对有关肉食问题的讨论"倒是可以让我们在这方面作一番检查，是否我们真的没有与动物签下公正的协定；我们不必运用虚伪或诡辩的方式，要将注意力集中在情绪反应和意见交换上面，站在人类的立场用自己的力量去衡量。"[2] 不难推测，普鲁塔克这里所说的"站在人类的立场用自己的力量去衡量"应该是指用人类的道德力量去思考人与动物之间的关系，去考虑人类对待动物的合适方式，人类不食肉不仅仅是为了避免人类灵魂被污染，还在于人类具有道德力量，需要从道德层面去考虑动物的情绪和感受，以及动物的理性、智识和道德地位。

二、 东方宗教中的素食主义传统

在古代，素食主义并非西方哲学的独有特色和生活传统，古老的东方生活中也有很多提倡素食的思想和潮流，尤其在东方宗教中表达得更为明显和严格。"虽然一个西方人和一个东方人可能都会说生命是神圣的，但只有东方人在心里想到的是所有的生命。……耆那教徒和佛教徒都强调有生命之物的互通性，提倡素食，并反对传统的用动物献祭的行为。"[3] 发源于印度的佛教和耆那教都以杀生为第一戒律，不杀生、禁食肉。随着佛教传到中国，在中国广袤的大地上生根发芽，将不杀生、禁食肉的佛教戒律沿袭并推广，素食主义在古老的东方也有着深厚且久远的历史传统。

佛教倡导慈悲（mercy）为怀，众生平等，其对待动物的主要态度是反对一切杀害人畜生灵的行为。《大智度论》中说："慈悲是佛道之根

1　[古希腊] 普鲁塔克：《普鲁塔克全集》第四卷，第 1781 页。
2　[古希腊] 普鲁塔克：《普鲁塔克全集》第四卷，第 1789 页。
3　[美] 戴维·德格拉齐亚：《动物权利》，第 138 页。

本"，"大慈与一切众生乐，大悲拔一切众生苦。"显而易见，佛教慈悲的对象并不局限于人，而是包含其他非人类动物在内的所有生命，即所谓"一切众生皆有佛性"。一方面，一切生命同一如来法身，从生命来源的角度阐明了众生平等的基础；另一方面，一切生命主体皆能修行成佛，从生命的转归去向表明了生命的平等性。另外，在饮食习惯方面，佛教主张素食，甚至明确反对用动物入药以挽救人的生命。明代高僧莲池大师曾指出，"夫杀生以滋口腹，诚为不可。损物命而全人命，宜若无罪焉。不知贵人贱畜，常情则然，而非诸佛菩萨平等之心也。杀一命，活一命，仁者不为，而况死生分定，未必其能活乎，则徒增冤报耳。抱病者熟思之，业医者熟思之。"[1] 可以看出，佛教高僧认为以动物之命换人之命不是仁者行为，在俗世也许是常情，但在菩萨这里，即使杀害动物可以挽救人的生命，也不是仁者所为，更何况杀害动物也未必能挽救人的生命。

印度本土的耆那教在对待动物的态度方面有着更为严格、甚至苛刻的要求，除"正知""正见"外，其教义中最重要的内容就是"正行"，以"不杀生"（ahimsa）为一切戒律之首。正统的耆那教徒不能在黑暗中点灯，因为这样可能会烧死飞蛾，也不能举火，因为举火可能烧死昆虫；他们在烧水之前先过滤，在口鼻之前覆纱布，为的是避免吸入或食入昆虫；在行走前先用柔软的扫帚细心地扫过前行的地面；不剃头发或体毛（代之以连根拔起），以免刀剪杀害了虱子；从不涉水而过，以免踏到虫子。"不杀生"的戒律导致耆那教徒完全避免从事危害到生命的一切手工业，诸如使用火和锐利器具的职业、泥水业以及大多数的工业职务。至于农业，尤其耕作，当然是完全不可能的，因为这总是会伤害到土中的虫蚁。[2]

1　莽萍：《物我相融的世界——中国人的信仰、生活与动物观》，北京：中国政法大学出版社 2009 年版，第 103 页。

2　[德] 马克斯·韦伯：《印度的宗教：印度教与佛教》，康乐、简惠美译，桂林：广西师范大学出版社 2010 年版，第 270 页。

从印度佛教和耆那教的教义可以看出，以素食为基本要求的东方古老宗教思想中，从素食主义的原初要求出发，到"不杀生"的绝对戒律，蕴含着一种生命齐一性的意义关联和转化，这种生命齐一性的思想便是现代生物平等主义的最初理念。尽管这种生物平等主义观点在实质上仍然有着一种隐而不显的人道主义立场，但其慈爱与禁欲的要求都为实质上的不平等披上了一层温和的外衣，因此可以视为一种温和的生物平等主义。

第二节　生物平等主义的理论形态

非人类中心主义理论阵营中，以生物平等主义为基本特征的现代理论形态主要有以彼得·辛格为代表的动物解放论和以阿尔贝特·施韦泽为代表的"敬畏生命"的伦理。

一、动物解放论

澳大利亚哲学家彼得·辛格是动物解放运动的代表人物，其代表作《动物解放》在1975年出版，这不仅标志着动物保护运动进入新的理论时期，更是在20世纪70年代后期翻开了全球范围内的动物保护运动新篇章。辛格认为，所有具有感觉的存在物都拥有利益，因此也拥有道德地位。要求给予动物平等的考虑并不意味着给予完全相同的尊重与对待，而是它们感受痛苦的能力应当得到同样的重视与衡量。解放运动要求拓展我们的道德视界，延伸或者重释平等的基本道德原则。平等原则不仅应该延伸到我们自己物种的所有成员（如黑人解放运动），还要使之延伸到其他物种（如动物），对应当给予动物平等考量进行辩护的依据是动物跟人类一样也具有感受痛苦的能力。在辛格那里，动物解放的意义并非在权利内容上要求一致，而是在于平等地考量。承认动物的利益具有道德意义并不要求废除动物作为财产的地位，也不要求废除在把动物作为人类资源的前提下对动物进行剥削的制度。他认为可以继续将动物用于人类的目的，但必须对动物的利益给予更多的考虑。

《动物解放》被视为现代动物权利运动的起点，但究其理论本质，并不是天赋权利论，而是边沁的功利主义理论。英国哲学家杰里米·边沁倡导"最大多数人的最大幸福"原则，认为趋乐避苦的功利原则是一切社会道德的标准。在边沁那里，功利原则必须把有感知能力的动物考虑进去，因为动物能感受疼痛，感知能力是动物不应被残忍对待的关键因素。他指出"总有一天，人们会逐步认识到腿的数量、皮肤上的绒毛状态或骶骨结构，都同样不是遗弃有敏感性的生物，使之陷入同样命运的充分理由？别的还有什么可能成为不可逾越的界限呢？问题不是："它们能推理吗？"也不是："它们能交谈吗？"而是："它们能忍受痛苦吗？"[1] 尽管边沁并没有以明确的权利语言去论证动物的道德地位，但他也已经初步设想动物在将来可能会拥有某种权利，他提出，"也许会有这样的一天，那时，人类以外的动物生灵都可以获得除非经由暴政之手绝不可能遭到拒绝的权利。"[2]

边沁的这一思想成为辛格宣扬动物解放的重要理论依据。总体来说，辛格和他的《动物解放》是现代动物权利运动史上一个里程碑式的节点。辛格的理论魅力不仅在于，他提出了"动物解放是人类解放事业的继续"的命题，而且在于，他给我们提出了一个值得深思的问题，"动物解放运动比起任何其他解放运动都更需要人类发挥利他精神。"因为，动物自身没有能力要求自己的解放，没有能力像人类一样用投票、示威或抵制的手段反抗自己的处境，我们是继续延续人类的暴政，证明道德如果与自身利益冲突就毫无意义？还是我们应当经得起挑战，纵使

1　[英]边沁：《论道德与立法的原则》，程立显、宇文利译，西安：陕西人民出版社 2009 年版，第 230 页。

2　[英]边沁：《论道德与立法的原则》，第 229 页。

并没有反抗者起义或者恐怖分子胁迫我们，却只因为我们承认了人类的立场在道德上无以辩解，就愿意结束我们对于其他物种的无情迫害从而证明我们仍然有真正的利他精神？在《动物解放》之后，辛格在后来的学术生涯中也一直强调，"自利"并非人类的本性，而是历史与文化的产物，在"自利"传统下人类对待动物的态度在伦理上是站不住脚的，应当转变人类对待动物的态度。在 1993 年的著作《生命，如何作答》（*How are we to live?*）中，他呼吁人们要进行伦理立场的转换，迈向伦理生活，在对待动物的态度上也应当做出根本性的改变。他提出，"从新的视野看出去，你将会看到一个截然不同的世界。有一点是可以确定的：你的眼前会有做不完的有价值的事物。你不再感到人生枯燥无趣，也不会找不到生命的实现感。最重要的是，你会清楚地知道你这一生毕竟没有白走一遭，因为你已经变成了一个拔苦予乐的伟大传统的一分子，来创造一个更加美好的世界。"[1] 这些温暖且振奋人心的话语不仅表达了他对于动物在内所有生命的态度，还激励人们将"利他"精神融入生活中，因为过伦理的生活不是自我牺牲，而是自我实现。

二、"敬畏生命"的伦理

法国著名的思想家阿尔贝特·施韦泽（Albert Schweitzer）创立的以"敬畏生命"为核心的伦理学是西方生物平等主义的代表理论，也是当代世界和平运动和环境保护的重要理论资源。施韦泽认为，"善的本质是：保存生命，促进生命，使生命达到其最高度的发展。恶的本质是：毁灭生命，损害生命，阻碍生命的发展。从而，伦理的基本原则是敬畏生命。"[2] 在施韦泽看来，真正的伦理要求善待所有生物，就动物而

1　[澳] 彼得·辛格：《生命，如何作答》，周家麒译，北京：北京大学出版社 2012 年版，第 250 页。

2　[法] 阿尔贝特·史怀泽：《敬畏生命》，陈泽环译，上海：上海社会科学院出版社 2002 年版，第 92 页。

言,"不考虑我们对动物的行为的伦理是不完整的。"[1] 可以看出,敬畏生命的伦理要义在于,一切生命都是神圣的,即便是从生物学视角看,那些处于生物链低端的动物或植物生命也是神圣的。尽管人类在生活中始终必须在"杀生"和"不杀生"之间做出抉择,甚至无法回避"杀生"的生存问题,但作为伦理而言,应当尽可能关心非人类动物福祉,避免出于疏忽而使它们遭受到伤害。

施韦泽"敬畏生命"的伦理学出发点是保护、繁荣和增进所有生命,他把伦理关怀的范围扩展至一切生物,包括所有动、植物在内。在他看来,所有的生物都拥有生存意志力,并在生态系统中拥有其各自的位置,没有任何一个生命是毫无价值的,或仅仅是作为另一个生命的工具而存在。人类在自然联合体中所享有的举足轻重的特殊地位不是剥削自然的权利,而是保护自然的责任。对动物的仁慈应被当作一种伦理要求,其实质是,人应该尽可能摆脱以其他生命为代价保存自己的必然性。然而,"敬畏生命"的伦理虽然看上去很美,但其理论缺陷也是明显的。一方面,施韦泽对"敬畏生命"的伦理并没有经过严密的理论论证,而是以诗意的散文语言来描述了"敬畏生命"理念的由来。另一方面,在涉及不同生物的生命利益时,平等对待往往成为一种不切实际的想象和意愿,难以成为一种付诸实践的评价标准。敬畏的态度也很容易被看作是对剥削动物实质的一种情绪掩护,因为"敬畏"通常是一种心理活动,很难通过某种方式确证是否真的敬畏、何种表达才能体现敬畏,因此,"敬畏"就难以成为对动物利用行为的一种有效约束要求。尽管如此,施韦泽以其充满爱和关怀的思想和实际行动深深打动了现代人的心灵,"敬畏生命"的思想对当代环境伦理思潮的发展有着重要的先驱和领航作用,对动物保护运动的发展也有着重要的指导意义。

1　陈泽环:《敬畏生命——阿尔贝特·施韦泽的哲学和伦理思想研究》,上海:上海人民出版社 2013 年版,序言第 9 页。

第三节　动物权利论的两种形态

真正从哲学的高度阐述并系统论证"动物拥有权利"这一命题的是美国哲学家汤姆·雷根。就概念而言，对动物是否拥有权利有着不同强度的观点，雷根所主张的权利是指动物拥有道德主体意义上的权利，是一种强式动物权利论。以玛丽·沃伦为代表的另一种权利观点认为，动物只拥有某些基本的道德权利，并且这些基本权利的基础并不来源于天赋的价值，而来源于它们的利益，可以看作是一种相对温和的弱式动物权利论。

一、强式动物权利论

在汤姆·雷根看来，彼得·辛格从功利主义角度对动物的道德地位所作的辩护虽然是值得称赞的，但却是不能令人满意的。因为，动物解放论的两个理论支柱——功利原则和平等原则之间，存在着内在的逻辑上的不一致性。同等地关心、尊重每一个动物的利益，与最大限度地促进功利总量之间，并无必然的逻辑联系。相反，有时为了求得最大的功利总量，还不得不有区别地对待不同动物的利益。更重要的是，功利原则刚好可以用来证明人们剥夺动物利益的合理性，因为人们对待动物的某些不符合道德的行为，正好可以带来最大的功利效果。因此，在雷根看来，把对动物的道德地位的辩护建立在功利主义的基础上是不充分的。为了确立动物拥有主体意义上的道德地位，雷根以《动物权利研究》、《动物权利与人类义务》等作品进行了专门论证，并提出两个基本命题："第一个是，动物具有一定的基本道德权利，第二个是，对它们权利的认可要求我们彻底改变对待它们的方式。"[1]

1　[美]汤姆·雷根：《动物权利研究》，序言第38页。

　　汤姆·雷根在其著作《动物权利研究》中先后批判了间接义务论、契约论、仁慈原则和功利主义等，并从功利主义更进一步，主张每个动物都具有不可替代和均一化的固有价值。在雷根看来，动物权利是人权的一部分，二者的理性基础是一样的，他指出"动物绝不应该仅仅被视为内在价值（比如快乐、或者偏好的满足）的容器，对它们造成的任何伤害，也都必须符合对它们平等的固有价值、及其不受伤害的平等初始权利的认可"。[1] 进而，他提出一种废除主义的要求，完全废除把动物应用于科学研究、完全取消商业性的动物饲养业、完全禁止商业性和娱乐性的打猎和捕兽行为。在他看来"不全面废止我们所知的动物产业，权利观点就不会满意"。[2] 在此意义上，雷根的动物权利论是一种彻底废除主义的强式动物权利论，他要求的不是更大的笼子，而是"清空牢笼"（empty cages）。

　　不仅对动物权利的要求如此彻底，对环境伦理学的要求也是具有革命性的。汤姆·雷根在《环境伦理学的性质及其可能性》（*The nature and possibility of an Enviromental Ethic*）中还指出，只有满足了两个基本条件才能算得上是一门真正的环境伦理学：第一，必须承认某些非人类存在物拥有道德地位；第二，必须主张拥有道德地位的存在物不仅限于那些拥有意识的存在物。[3] 如果不能满足这两个基本条件，再好的理论也不是环境伦理学，甚至连虚假的环境伦理学也算不上。如果一种伦理学声称，只有人的利益才与道德相关，保护环境仅仅是为了使人（包括后人）的生活质量得到提高，那么这种伦理学只能算得上是一种"利用环境的伦理学"；真正的环境伦理学要求我们承认非人类存在物的道德地位。[4] 可以看出，雷根对于动物道德地位的态度是相当明确并强势的，也正是在这个意义上，在环境伦理学领域，

1　[美] 汤姆·雷根：《动物权利研究》，第 227 页。

2　[美] 汤姆·雷根：《动物权利研究》，第 331 页。

3　Tom Regan, "The Nature and Possibility of an Environmental Ethic," *Environmental Ethics*, Vol. 3 (1981), pp. 19 - 34.

4　余谋昌、王耀先主编：《环境伦理学》，第 2 页。

动物权利论成为以非人类中心主义为鲜明立场的、具有颠覆性意义的重要理论。

强式动物权利论的另一位倡导者是美国学者 G. L. 弗兰西恩，他指出，"我们只有义务赋予动物一种权利，那就是不被当作人类的财产来对待的权利。"[1] 由此看出，弗兰西恩眼中的动物权利是一种不被作为财产或资源来对待的权利，即不能将动物当成工具来使用。虽然与雷根论证权利的出发点不同，但弗兰西恩的动物权利要求也是一种废除主义的要求，他要求不再将动物看成人类的财产，不能将动物当成工具来利用，因为在他看来动物有自己的利益，并且动物的利益亦具有道德意义。人类应该把动物作为道德共同体的成员来对待，而不应被当作工具来对待而遭受痛苦，亦即，动物享有不被作为物而对待的基本权利。只要人类仍把动物看作一种物件，并将其作为人类的财产或是工具来加以利用的话，动物权利就无从谈起。"仅仅因为我们是人、动物不是人而认为我们可以把动物当作物，这种观点乃是彻头彻尾的物种歧视。我们不应把动物当作物，这一观点与我们通常认为动物的利益具有道德意义相一致。"[2] 尽管弗兰西恩在面对人类利益与动物利益冲突的情况下承认可以把人类利益看得高于动物利益，但从其理论的要求和目的来看，他都试图跟雷根到达同样的结论，"那就是动物的道德地位必然地排除了将他们作为人类的财产来使用的可能。"[3]

二、　弱式动物权利论

相对于以雷根为代表的激进动物权利观而言，玛丽·沃伦（Mary Anne Warren）从另一比较温和的角度论证了动物权利论。沃伦认为动

1　[美] G. L. 弗兰西恩：《动物权利导论：孩子与狗之间》，张守东译，北京：中国政法大学出版社 2005 年版，第 22 页。

2　[美] G. L. 弗兰西恩：《动物权利导论：孩子与狗之间》，第 311 页。

3　[美] G. L. 弗兰西恩：《动物权利导论：孩子与狗之间》，第 27 页。

物拥有权利的基础，不是它们所拥有的内在价值或天赋价值，而是它们所拥有的利益，利益的基础便是它们也能够感受快乐或痛苦。它们感受痛苦的能力给予了它们一种不能把痛苦无端地加在它们身上的权利；它们体验愉快的能力也给予了它们一种不被剥夺自然界赋予它们的任何一种愉快和满足的权利。[1] 由于拥有感觉是拥有利益和权利的基础，所以在沃伦那里，凡是拥有感觉的动物都拥有权利，其权利主体范围比雷根界定的"生命主体"范围更广泛。沃伦还认为，"一个存在物体验快乐和痛苦的能力提供了一种显著的原因，让我们认识到对它有一种道德义务，而不是没有合适理由便杀死它，或让它遭受痛苦。然而，拥有感觉并不是具有完全道德地位的充分条件，还有充分的理由让我们认识到对一些有知觉的存在物有着更强的责任，比如那些是道德代理人，那些是属于我们社会共同体的成员，以及那些是由于人类活动导致濒危的重要生态物种。"[2] 可以看出，在沃伦看来，人类如果有足够充分的理由是能够利用动物的，但也必须认识到人类对其它有知觉的存在物具有道德责任，不能随意杀死它们或随意让它们遭受痛苦，因为它们也拥有利益。

　　然而，沃伦将利益作为确认权利的基础也存在显著问题。一方面，将利益确认为权利的基础，难以避免要将动物对快乐或痛苦的感受考虑在内，这就滑向了彼得·辛格的论证方式。换言之，以利益作为确认动物权利的基础就会遇到与功利主义论证方式同样的困难，功利（效用）不仅推导不出平等，并且会出现对动物利用行为的认可和接纳，这正是雷根所批评和不能接受的地方。另一方面，将利益作为确认权利的基础，需要回答利益的主体性问题。利益的主体性从何而来？动物与人类利益的主体性如何区分？以利益为基础的动物的道德主体性地位从何而来？沃伦并没有对这一系列问题展开论证，而是以一种直觉的方式表达

1　参见：Mary Anne Warren, "Difficulties with the Strong Animal Rights Position," *Between the Species*, Vol. 4 (1986).

2　Mary Anne Warren, *Moral Status：Obligations to Persons and Other Living Things*. Oxford：Clarendon Press, 1997, p. 18.

了动物权利与人类权利主体范围的区别，从逻辑论证和理论严密性角度来看，其理论基础并不稳固。有学者在考虑利益的主体性问题时，甚至认为利益的主体性离开人便毫无意义。"利益的主体性离不开客体，也离不开主体。一切利益的主体性都是对人的利益的主体性。在没有人的地方谈论某种东西有无利益的主体性或利益的主体性大小，都是没有意义的，也是不可能的。所谓利益的主体性都是对人来说的，都是为人而存在的。只是由于有了人，才具有现实的利益的主体性。"[1] 尽管这种观点完全以人类利益为中心，排除了将动物利益作为主体性基础的可能性，但可以看作是一种与玛丽·沃伦把动物权利建立在利益基础上的理论完全相反的观点。

近年来，神经伦理学的研究取得了一些进展，有研究者认为，非人类动物是否拥有权利的关键在于非人类动物是否拥有与道德相关的精神因子。如果有理论能证明动物拥有道德相关的精神因子，那么在此基础上赋予动物权利是合理的；反之，如果动物不具有道德相关的精神因子就赋予动物权利便是不合理的。事实上，动物行为研究学者德瓦尔（Frans de Waal）在上世纪末也曾有相关论述。他指出，"诚实、内疚、权衡道德困境可溯至大脑的特定区域。因此，从动物那里发现相似之处也就不足为怪。人脑乃是进化的产物。尽管人脑的脑容量更大也更复杂，但与其他哺乳动物的中枢神经系统基本相似。"[2] 就现阶段而言，人类对非人类动物精神状况的掌握是不精确的。人类能够通过对动物的科学研究来提高对人类思维研究的准确性，但科学研究本身并不能依靠道德与道德相关精神因子之间的区分来解决人与动物心理上的相似（和差异）问题。[3] 换言之，在现阶段，人们通过技术手段还无法判断非人类动物是否拥有与道德相关的精神因子。在这种情况下，研究者进一步提

1　高岸起：《利益的主体性》，北京：人民出版社 2008 年版，第 133 页。

2　Frans de Waal, *Good Natured：The Origins of Right and Wrong in Humans and Other Animals*, Cambridge：Harvard University Press, 1996, p. 218

3　参见：M. Mameli and L. Bortolotti, "Animal Rights, Animal Minds, and Human Mindreading," *Journal of Medical Ethics*, Vol. 32 (2006), pp. 84 – 89.

出了一种预防原则（precautionary principle），认为尽管不能确证动物是否拥有道德相关的精神因子，但仍应该赋予动物权利，从而避免侵犯动物可能拥有的权利。

第四节　动物权利运动的发展与影响

在日常生活中，"动物权利"不仅仅作为一个哲学概念而存在，它还意味着一种处于萌芽中的社会正义运动，即动物权利运动。现代意义上的动物权利运动可以追溯到 18 世纪。英国哲学家洛克（John Locke）认为残酷对待动物会使人变得残忍，功利主义哲学家边沁（Jeremy Bentham）把感受苦乐的能力视为获得道德关怀的根据，他们的哲学思想为最初的动物保护运动提供了理论基础，但这一阶段的动物保护仍基于对动物福利的强调，并未涉及动物权利的讨论。直至 1975 年，彼得·辛格出版《动物解放》一书掀开了动物权利运动的新篇章，该书被誉为"当代动物权利运动的圣经"，把动物保护运动推向了一个新的阶段，即从关注动物的福利到关注动物的权利。此后，汤姆·雷根用毕生精力对非人类动物的固有价值和道德地位进行系统的论证和分析，是目前为止对动物权利最为顽强、全面的捍卫。

一、　动物权利运动的目标

澳大利亚学者芒罗（Lyle Munro）将动物保护运动分为彼此或有推进关系的四种类型：动物福利运动、动物解放运动、动物权利运动以及激进的动物解放运动（Radical animal liberation movement，RALM）。它们在运动方式、运动态度等多方面存在重要的差别，"相比于动物福利游说团体关注通过立法手段的温和改变的方式，动物权利主义者则寻求从根本改变个人和企业对待动物的方式"[1]。事实上，动物权利运动要求"人类从根本上重新认识他们与动物的关系"，他们要求把"动物的利益在道德上视为与人类同等重要的"[2]。虽然实践中很难将各种不同的思潮准确地区别开来，但是它们显然具有不同的道德诉求和行动倾向，认识到这些区别是重要的。

在雷根看来，动物权利运动力图实现的具体目标包括：1. 完全废除把动物应用于科学研究（的传统习俗）；2. 完全取消商业性的动物饲养业；3. 完全禁止商业性的和娱乐性的打猎和捕兽行为。[3] 他认为动物绝不应该仅仅被视为内在价值（比如快乐或者偏好的满足）的容器，对它们造成的任何伤害，也都必须符合对它们平等的固有价值及其不受伤害的平等初始权利的认可。[4] 简言之，雷根对动物权利运动的目标设定是一种废除主义的要求和主张，在他看来，"不全面废止我们所知的动物产业，权利观点就不会满意。"[5]

从雷根设想的动物权利运动目标来看，要求全面废止我们所知的动物产业，这在现阶段生产力发展水平条件下无疑是一种非常激进的纯理论学说，无法付诸实践。在实践层面，动物权利运动要求取消一切形式的利用动物行为，这意味着人类不能利用动物为人类提供生活的基本需求，包括食物、科学实验和其他一切相关产品。这在一定意义上是对现有人类生活方式的颠覆与解构，基本不具备执行层面的可行性。在理论层面，动物权利论也有其自身的缺陷和不完善之处，后文将对此问题进行详细论述。但作为一种政治运动，动物权利论的废除主义要求却是可以被理解的。因为从一般社会运动的实际效果来看，社会运动目标与社

1　Lyle Munro, "The Animal Rights Movement in Theory and Practice: A Review of the Sociological Literature," *Sociology Compass*, Vol. 6 (2012), p. 172.

2　Catharine Grant, *The No - Nonsense Guide to Animal Rights*, Oxford: New Internationalist™ Publications Ltd, 2006, p. 9.

3　［美］汤姆·雷根：《关于动物权利的激进的平等主义观点》，杨通进译，《哲学译丛》1999年第 4 期。

4　［美］汤姆·雷根：《动物权利研究》，第 277 页。

5　［美］汤姆·雷根：《动物权利研究》，第 331 页。

会运动结果之间是会有着现实差距的。作为一项社会运动的指导理论如果在设定运动目标时，提出的运动目标是与现有社会基本运行情况大致类似的一个状态，那么其运动效果就不会超出社会现行状态，也就失去了社会运动的意义和必要。就动物权利运动而言，如果雷根没有提出一种废除主义的主张和要求，那么动物权利运动的热烈程度和推进效果都不会比前人所推动的动物保护运动有任何的突出和超越之处。换言之，废除主义的主张和要求当然是激进的，但从实际运动效果的层面去思考这种主张却是能够被理解的。但就理论而言，动物权利论的核心命题致力于证成动物拥有和人类相同的道德权利，只要能够得出动物的道德地位等同于人类，则人类所拥有的自然权利必须延伸至动物，这一核心论证的结果和过程都是值得商榷的。

二、　动物权利运动的影响

如果将辛格的《动物解放》看成是动物保护运动新篇章的开端，那么雷根的《动物权利研究》更是将动物权利运动正式由关注动物福利推向为动物伸张权利的高潮。从对社会的影响来看，动物权利运动的发展既给现实生产、生活实践带来了积极影响，也引发了潜在的社会风险。就其积极影响而言，在理论层面，动物权利运动作为一种文化思潮，改变了人们固有的"以人为中心"的人类中心主义观念，主张将动物纳入人类道德关怀的范畴，使人类在道德发展的历史进程中迈出了重要的一步。在实践层面，动物权利运动在一定程度上促进了动物保护工作，推进了世界各地的动物保护立法进程。在动物权利运动的影响之下，世界各国相继将动物保护纳入国家制度建设层面，给予立法保护。当前，世界上已有100多个国家和地区制订了动物保护相关法律法规，并付诸实施。

动物权利运动对动物保护事业的推动见之于各国立法进程中，这既是人类文明进步的象征，也是科学发展的必然要求。但同时，也有越来越多的组织或个人以"动物权利"为名义，扛着"保护动物"的大旗，肆意破坏各类动物研究机构、饲养机构，各种暴力袭击事件层出不穷，成为扰乱社会秩序的潜在风险与恐怖因素。在美国，以"动物保护"为目的的非政府组织众多，其中不乏活动手段非常激进的，例如著名的有"动物解放阵线"（Animal Liberation Front，ALF）、"动物权利卫队"（Animal Rights Militia，ARM）、"人道对待动物协会"（People for the Ethical Treatment of Animals，PETA）等等。"动物解放阵线"的主要活动方式为"采取非法的直接行动来拯救动物和破坏涉及剥削动物的场所（如研究机构、饲养机构、屠宰场和皮毛动物农场）"。[1] "动物权利卫队"曾"向英国首相和三位党魁寄过炸弹（其中一个爆炸，导致一名办公室职员受伤）。在英国，动物权利卫队用燃烧弹袭击了英国工业生物研究协会（British Industrial Biological Research Association）和维尔康姆基金会（Willcome Foundation）雇员的汽车和住所。在美国，它袭击了加利福尼亚州圣何塞的企业，1987 年 9 月 1 日烧毁了圣何塞小牛肉公司的仓库，造成了 10 万美元的损失，1987 年 11 月 26 日烧毁了费拉拉肉制品公司"[2]。"人道对待动物协会"是一个"免税的非盈利组织，通过有针对性的宣传活动，最大程度上提高了媒体曝光度"，它们的目标非常直接和激进，要求"无论出于什么原因，停止使用动物，无论是食物，衣服，科学进步还是娱乐"[3]。这些动物保护组织的暴力行为和激进运动使得所在国政府不得不积极应对，如美国为应对威胁，"通过了一系列法案，如《动物保护组织法》（1992 年）、《动物恐怖主义组织法》（2006 年 9 月 8 日）和《防止生态恐怖主义法》（2004 年）"[4]，这些法

1　Catharine Grant, *The No - Nonsense Guide to Animal Rights*, pp. 17 - 18.

2　Donald R. Liddick, *Eco - Terrorism: Radical Environmental and Animal Liberation Movements*, Westport, Connecticut: Praeger, 2006, p. 44.

3　Donald R. Liddick, *Eco - Terrorism: Radical Environmental and Animal Liberation Movements*, p. 35.

4　Elzbieta Posluszna, *Environmental and Animal Rights Extremism*, *Terrorism*, *and National Security*, Boston: Butterworth-Heineman, 2015, p. 16.

案都旨在遏止动物保护运动中带有恐怖主义色彩的暴力行动。尽管应对法案在一定程度上对激进动物保护行为中的恐怖因素起到威吓和震慑作用，但声称捍卫"动物权利"的组织和个人的暴力行径仍然遍布各个领域，皮草制造业、商贸业、动物原料化妆品制造业，甚至人类医学事业也到处留下他们"丰功伟绩"的毒手。

诚然，并不是所有的动物权利活动者的行为和策略都如此暴力，但不可否认的是，动物权利活动者的很多行为和策略尽管明显是不合法或不合理的，但却被认为是为了更崇高的目的而可以合理化。在以动物权利为主题的各种运动中，利用动物进行科学实验的科学家通常被当成攻击的对象和敌人，然而，科学家真的是"敌人"吗？攻击遥远和抽象的事务要比攻击近的和具体的事务更容易一些，我们可称之为"阿尔及利亚综合征"[1]。举例而言，因主人没有提供充足食物或照料而被遗弃、虐杀的猫狗之类的宠物有成千上万，不计其数，这些不计其数的猫或狗的主人只是用一个新的宠物代替了失去的动物，这种行为并不会引起人们多大关注或反感；同时，只有少量的一些猫或狗被用于医学研究，但这些少量的猫或狗却是被关注的对象，因为它们的生命可能因为这些医学实验而被终结。然而，相对于实验中的每只狗而言，可能有更多的宠物狗因其主人的忽视或其他原因将死亡，在这样的情境中，谁才是敌人？是每年仅用少量猫狗进行实验的科学家，还是那些不计其数的宠物主人们？当人们声称为了"动物权利"而攻击医学实验室，但对改变抛弃或虐杀宠物主人的状况毫无作为时，便成了"阿尔及利亚综合征"的牺牲品。

进而言之，当极端动物权利论者通常打着"动物保护"的旗号肆意闯入医学实验室，捣毁仪器设备，焚毁资料，任意放生实验中的动物，甚至威胁研究人员人身安全时，也必须要追问：这些行为是不是真正的

1　[美]格雷戈里·E. 彭斯：《医学伦理学经典案例》第四版，聂精保、胡林英译，长沙：湖南科学技术出版社 2010 年版，第 253 页。

动物保护行为？这些行为的背后是否有着不可告人的政治目的？事实上，到目前为止，没有一个国家和地区接受诸如 ALF、ARM 这类激进组织的极端主张。他们打着动物保护的旗号，滥用生态平衡和伦理学；他们要求人们素食，反对畜牧养殖业，无视人类和自然社会在历史进化过程中形成的生态食物链；他们攻击科学研究中的一切动物实验项目，并且攻击从事动物实验活动的科学家们的人身安全。这种极端组织和极端行为已然成为人类文明进程中的一股逆流，让现实的生产、生活实践陷入进退两难的困境，而在医疗应用领域，这种困境尤为凸显。

　　总而言之，在人与动物关系方面，非人类中心主义理论强调动物的内在价值，关注动物的生活福利，把道德关怀的范围从人类社会扩展到动物界以及自然界中的所有自然存在物身上，打破了传统伦理学研究的界限，拓展了新的研究视域，不能不说这是伦理学史上的一次重要转折。但非人类中心主义理论本身也有其难以克服的局限和困难，动物解放论强调动物与人类一样具有感受痛苦的能力，要求平等对待动物，但其建立在功利主义理论基础之上的平等要求却与效用原则有着难以调和的矛盾。动物权利论试图从权利话语的角度确立人与动物的某种新关系，过度强调动物的内在价值而放弃动物的工具价值，是一种乌托邦式的虚构，并且它们倡导的权利关注重点只是动物的个体利益，也忽略了其他物种以及生态系统的整体性；生物平等主义虽然拥有"敬畏生命"这样非常有感召力的哲学词汇和话语，但实质上是通过降低人类在生态链中的地位，来处理人与其他生物之间的关系，并不是一种完全合理的理论形态。

第三章　动物利用观：传统、演变与争议

　　人类中心主义（anthropocentrism）包括三方面含义：第一，人是宇宙的中心。第二，人是宇宙中一切事物的目的。第三，根据人类价值观解释或评价宇宙间所有事物。[1] 具言之，人类中心主义是这样一种世界观，在人与自然的关系视域中，具有自由意志的人类处于所有造物的中心地位，尤其在西方，自古希腊以来的传统存在论观点认为这是理所当然的。在价值论层面，人类中心主义把人视为所有价值的源泉，尽管人类以外的自然存在物也常被冠以某种价值，但那只是对人类有用意义上的一种工具价值，并且，尽管人类可以把某种价值赋予人类之外的自然存在物，但伦理关怀的对象却只限于人类，非人类存在物并不在人类伦理原则范围之内。就人与动物关系而言，人类中心主义的基本立场是，人类可以为了人类的生存和生活目的而利用动物。但在不同的历史阶段，抱持人类中心主义观点的人们对待动物的立场和态度是有所区别的。根据理论发展的时间脉络，大致可以分为传统人类中心主义观和现代人类中心主义观。

1　朱贻庭主编：《伦理学大辞典》，上海：上海辞书出版社 2011 年版，第 157 页。

第一节 传统人类中心主义观

传统人类中心主义又称古典人类中心主义。在人与动物关系方面，传统人类中心主义观中的人类中心主义倾向是比较强势的，其核心思想是，人是万物的尺度，动物为了人类而存在。传统人类中心主义伦理观可以追溯到古希腊，在柏拉图的《泰阿泰德篇》中，苏格拉底跟泰阿泰德的对话时提到普罗泰戈拉的至理名言，"人是万物的尺度，是存在的事物存在的尺度，也是不存在的事物不存在的尺度。"[1] 苏格拉底对此进行了驳斥，认为"普罗泰戈拉的《真理》对任何人来说都不是真的，对他本人更是如此"。[2] 柏拉图记录的这一论辩过程说明了两点基本情况。第一，在早期自然哲学家普罗泰戈拉那里，把人当作万物尺度的人类中心主义思想已经开始萌芽。第二，以苏格拉底为代表的人文学派哲学家反对自然学派"人是万物的尺度"这一观点，在人与自然关系的态度上相对温和一些。

一、 自然目的论与神学目的论

苏格拉底常被认为是遵从毕达哥拉斯素食主义生活方式的，但在色诺芬的《回忆苏格拉底》中并没有直接描写苏格拉底"不食肉"的记录，只是多次提及苏格拉底的饮食非常简单，只在饥饿时才吃食物，在口渴时才喝饮品，这都是为了减轻食物对身体和灵魂的负担，让身体和灵魂尽量轻灵而便于思考。在柏拉图的《国家篇》中，也有对苏格拉底饮食态度的相关记载。"复杂的食品使人生病，而简单的食物使

---

1 ［古希腊］柏拉图：《柏拉图全集》第二卷，王晓朝译，北京：人民出版社 2017 年版，第 664 页。

2 ［古希腊］柏拉图：《柏拉图全集》第二卷，第 694 页。

人健康。"[1] 这一表述与色诺芬记载的苏格拉底对饮食的态度是一致的。可以看出，在苏格拉底看来，简单的食物有益于身体和灵魂的健康，并且，苏格拉底对于将动物用作人类的食物是持肯定态度的。他认为，"这些动物的存在也是为了做人类的食物，难道这一点不是很清楚吗？除了人类，还有什么生物从山羊、绵羊、马、牛、驴等动物身上得到各种各样的好处呢？确实，对我来说，这些动物身上的东西要比蔬菜来得更有价值，或者说，至少人们从前者所获得的营养以及财富，并不比后者少。许多种族的人，都不吃田地里长出来的蔬果，而是靠牲畜获得奶、干酪和肉类来维持生活；所有的人也都会驯服和饲养有用的牲畜，把它们用在战争中，还用于其他众多目的。"[2] 从色诺芬的这段记录可以看出，苏格拉底推崇简单的饮食，但并不反对食肉，并且认为可以将动物用作战争和其他众多目的。

亚里士多德在《政治学》中明确指出，"一切动物从诞生（胚胎）初期，迄于成型，原来是由自然预备好了的。……自然为动物生长着丰美的植物，为众人繁育许多动物，以分别供应他们的生计。经过驯养的动物，不仅供人口腹，还可供人使用；野生动物虽非全部，也多数可餐，而且它们的皮毛可以制作人们的衣履，骨角可以制作人们的工具，它们有助于人类的生活和安适实在不少。如果说'自然所作所为既不残缺，亦无虚废'，那么天生一切动物应该都可以供给人类的服用。"[3] 在亚里士多德看来，动物是自然为人类生存和生活所做的安排。动物为了人类而存在，人类天生就是其他存在物的目的，这是不证自明的自然法则，无需论证，亦无需怀疑。

中世纪基督教哲学家托马斯·阿奎那则宣称，之所以需要"利用"，其最大的必要性似乎包含在这样的事实中：动物吃植物，人吃动物，都

1　［古希腊］柏拉图：《柏拉图全集》第二卷，第373页。
2　［古希腊］色诺芬：《回忆苏格拉底》，郑伟威译，北京：台海出版社2016年版，第164 - 165页。
3　［古希腊］亚里士多德：《政治学》，第23页。

是为了食物，而且，除非这些生命被剥夺，否则他们就要这样做；因此，不管是剥夺植物的生命以满足动物的受用，还是剥夺动物的生命以满足人的受用，都是合法的。实际上这和上帝的圣训是一致的。[1] 在基督教看来，人类对动物、植物的利用是理所当然的，这一切都是上帝的安排，上帝根据自己的形象创造了人类，人类在自然生灵中具有重要的地位。在《圣经》中，"神赐福给诺亚和他的儿子，对他们说：你们要生养众多，遍满这地，凡地上走的兽和空中的鸟，都必惊恐、惧怕你们；连地上一切的昆虫并海里的一切鱼，都交付你们的手；凡活着的动物，都可以做你们的食物，这一切我都赐给你们，如同蔬菜一样。"（《创世记》9：1-3）。可见在基督教的教义中，所有造物都是上帝创造了来为人类提供服务的，它们的存在是为了人类利益而存在的。因此，人对动物的利用是无条件的、是受到上帝许可和支持的。虽然《圣经》中也包含着诸如"义人顾及他牲畜的命"（《圣经·箴言》12.10）等圣训，这类圣训要求人们关心动物和其他造物，但其出发点仍然是出于对人的关心和对人的利益的维护，因为对待动物的残酷行为会鼓励和助长人对待他人的残酷行为。简言之，人类可以为了满足自己的目的而随意使用动物，这是上帝的安排，这种神学目的论成为自那时以来大多数基督徒普遍接受和认同的思想。

当然，在西方宗教界也有主张动物拥有权利的声音。英国牛津大学安德鲁·林基（Andrew Linzey）并不满意于传统基督教对待动物的态度，在基督教神学中积极寻找有关动物地位以及人与动物关系的思想泉源，并以《基督教和动物权利》开创了动物神学的新篇章。林基认为，上帝之爱不仅仅是对人类之爱，而是对所有生灵（包括动物）之爱。基督徒必须开启全新、宽广的心胸来容纳这样的福音信仰：相信动物是神所创造之活物，并决心将对抗动物视为"东西"、"商品"或"资源"这类所有"以人为中心"或"功利主义式"的想法；对抗残酷的邪

1　［澳］彼得·辛格、［美］汤姆·雷根编：《动物权利与人类义务》，第12页。

恶本质，以保护如基督般无辜的动物，动物所受之苦，正代表了无罪之基督所毋须承受的苦难。[1] 在林基看来，应当明确承认动物拥有权利，承认它们拥有基本的道德地位，但是仅仅依据上帝之爱的宽广性并不能得到动物拥有权利的结果。如果要在基督教的范围内承认动物拥有权利，或是拥有主体意义上的道德地位，势必要将动物的生成看作和人类的生成是同样的目的和作用。然而，基督教最重要的基础思想创世论却已然说明了只有人类是按照上帝的形象创造的，其他一切生灵都是上帝创造来为人类提供服务，便于人类治理世界的。因此，林基的论断很难从理论根源上获得全部认同，即便是基督徒也对此抱有不同看法。

　　基督教神学目的论思想统治了漫长的中世纪，也影响了近代西方哲学早期的诸多哲学家对动物的态度。约翰·洛克在创立私有财产理论时就将动物作为人类财产看待，其直接的理论依据就是《圣经·创世记》。"不论我们就自然理性来说，人类一出生即享有生存权利，因而可以享用肉食和饮料以及自然所供应的以维持他们生存的其他物品；或者就上帝的启示来说，上帝如何把世界上的东西给予亚当、给予挪亚和他的儿子们；这都很明显，正如大卫王所说（《旧约》诗篇第一百十五篇，第十六节），上帝'把地给了世人'，给人类共有。"[2] 以及，"土地和一切低等动物为一切人所共有。"[3] 可以看出，在洛克看来，上帝授权人治理世界，便意味着可以拥有世界上一切自然物，也因此意味着人类获得了支配动物的神圣许可。人是上帝按照自己的形象创造的，并让人治理世上的一切，包括动物，因此动物就作为人类财产而存在。"因为既然人们都是全能和无限智慧的创世主的创造物，既然都是唯一的最高主宰的仆人，奉他的命令来到这个世界，从事于他的事务，他们就是他的财

1　[英] 安德鲁·林基：《动物福音》，李鑑慧译，北京：中国政法大学出版社 2005 年版，第 3 - 8 页。

2　[英] 洛克：《政府论》下篇，叶启芳、瞿菊农译，北京：商务印书馆 2009 年版，第 17 页。

3　[英] 洛克：《政府论》下篇，第 18 页。

产，是他的创造物，他要他们存在多久就存在多久，而不由他们彼此之间作主；我们既赋有同样的能力，在同一自然社会内共享一切，就不能设想我们之间有任何从属关系，可使我们有权彼此毁灭，好像我们生来是为彼此利用的，如同低等动物生来是供我们利用一样。"[1] 尽管这里是洛克为了说明人与人之间是平等的，为了反驳奴隶制度而进行的论证，但在论证人人平等的同时也说明了人与动物之间的地位是与生俱来不平等的，这种不平等不是人造成的，而是上帝在造物时就产生的，是神赋予的。这依然是基督教神学目的论的基本思想。

二、 机械论与理性优越论

除洛克将动物看成人的财产之外，另一种将动物强化为人类可以随意支配地位的学说是笛卡尔的机械论。笛卡儿认为，人是灵魂与肉体的紧密结合，动物缺乏表现自由意志的行为能力即语言，因此，动物同机械一样，没有灵魂，仅具有肉体。动物只是一种自然的机器，只有物质的属性，它与无生命的客体没有任何区别。在他看来，动物感觉不到痛苦，动物的痛苦不过都是由于肉体的、机械的动因。[2] 换言之，在笛卡尔那里，人类可以随意对待动物，并且对于动物所遭受的痛苦不需要一丝一毫的同情，因为动物相当于机器。对待动物的这种观点在今天看来无疑是相当残忍的，但笛卡尔自认为他的态度"与其说是对动物残忍，不如说是对人类宽容——至少是对那些不迷信毕达哥拉斯学派的人宽容——因为这免除了他们在吃或杀动物时的犯罪嫌疑。"[3] 17世纪的欧洲，麻醉术还没有被发明出来，活体动物实验已经开始进行。尽管在活体动物实验中，动物表现出极度痛苦的样子让实验者感到不安

1　[英]洛克：《政府论》下篇，第4-5页。

2　[澳]彼得·辛格、[美]汤姆·雷根编：《动物权利与人类义务》，第18页。

3　Descartes, René, The Philosophical Writings of Descartes Volume Ⅲ, trars. Anthony Kenny, Cambridge：Cambridge University Press, 1991, p. 366.

和对自己的实验行为有所疑虑，但随着笛卡尔"动物是机器"的机械哲学观推出，实验者的不安和疑虑被解除。就此而言，笛卡尔的机械论在一定程度上顺应了活体动物实验开展初期的理论需要，并得以盛行。直至19世纪，许多重要的生理学家都仍然宣称自己是"笛卡尔主义者"或机械论者。动物的挣扎和哀嚎，他们当成"只是机械的震动声而已"，以此来寻求自身内心的平静与安宁。

　　启蒙运动以后，笛卡尔的"动物是机器"言论使公众和很多哲学家感到震惊，甚至厌恶，以康德为代表的理性优越论渐渐成为主流观点。早在古希腊时期，亚里士多德就认为理性才是人的本质，是人之为人的根据；正是人的理性使他高出于其他存在物，动物不具有理性，"选择不像欲望和怒气那样，为无逻各斯的动物所共有。"[1] 康德继承了亚里士多德理性优越论，并将之系统论证。康德指出，"所有的动物都只是作为手段而存在，而不是为了它们自己，因为它们没有自我意识，而人是目的，因此，我再也不能问：他为什么存在？所以我们可以利用动物，我们对动物没有直接的责任；我们对他们的责任是对人类的间接责任。"[2] 可以看出，在康德的视野里，动物没有自我意识。"如果欲求能力的内在规定根据，因而喜好本身是在主体的理性中发现的，那么，这种欲求能力就叫做意志。"[3] 理性是一种内在规定根据，具有先天的法则，康德认为动物没有理性，只有人才拥有理性，因此，人们对待没有理性的动物的任何行为都不会影响理智世界的实现，仅仅把动物当作人类的工具来使用是合理的。如果人对动物负有某种义务的话，这种义务也只能是间接性的，而且这种义务必须能够被还原为对人的义务。"所有关于动物、其他存在和事物的义务都间接地指向我们对人

1　[古希腊] 亚里士多德：《尼各马可伦理学》，廖申白译注，北京：商务印书馆2003年版，第69页。

2　Immanuel Kant, *Lectures on Ethics*, in Peter Heath and J. B. Schneewind, eds., trans. Peter Heath, Cambridge：Cambridge University Press, 1997, p. 212.

3　李秋零主编：《康德著作全集》（第6卷），北京：中国人民大学出版社2007年版，第220页。

的义务。"[1] 尽管这种对动物负有义务的观点远比笛卡尔的机械论要受欢迎，但动物的地位并没有得到实质意义上的改善，因为理性优越论否认人对动物负有直接义务，在人与动物利益冲突的状态下，间接义务就容易被滑坡为没有义务。

在西方现代哲学史上，对待动物的态度抱持与康德理性优越论类似的哲学家是罗素。罗素认为"人类许多年的思想，在我们的智慧上、德行上筑了这许多的玄关，即便只是科学的探求事实的欲望，也不免为那些以空想自安的人所排斥。但在动物呢？那决不会有人说是有德行无德行了，也不会有人错想到动物是有理性的了。而且我们也不会盼望动物是有意识的。我们可以断言，动物的一切行动都是从本能出发的，在出发时，行动的结果，不会预先推定。"[2] 在他看来，动物无德行可言，也没有理性，甚至他认为动物连意识也是没有的。动物的行动只是出于本能，对于行动本身不会有意识地去思考行动的后果或意义。因此他在讨论欲望的实质时，直接说"欲望的解剖最好是从研究动物入手，因为我们考察动物不会牵涉到伦理的考虑，可以避免种种麻烦。我们谈到人的时候，有许多的困难。"[3] 可以看出，罗素直接将动物排除在伦理范围之外，认为利用动物进行人类欲望的相关研究是可以避免麻烦的手段，与利用人来进行研究相比，无疑动物不需要考虑伦理问题，因而是便利的研究工具和手段。无疑，罗素的这种观点比康德的理性优越论更直接否认动物具有理性，他对待动物的态度接近于笛卡尔机械论的残酷程度。

总体而言，从苏格拉底认为人可以将动物用作战争和其他众多目的，到康德的理性优越论，古典人类中心主义观都在极力强调人在自然中的绝对主导地位与道德优越性。它们的共同特点在于把人与动物机械地割裂开来，只看到人的相对独立性，忽略人对动物以及包括动物在内的整体自然界的依赖性和统一性，从而确立人在自然中至高无上的内在

1　　Immanuel Kant. *Lectures on Ethics*. p. 213.
2　　［英］罗素：《罗素谈人的理性》，石磊编译，天津社会科学院出版社 2011 年版，第 316 页。
3　　［英］罗素：《罗素谈人的理性》，第 315 页。

价值，把非人类存在物当成人类需要征服、驯化以及可以随意利用的工具价值。就伦理关系而言，人与动物之间并不存在着直接的伦理关系，人才是道德主体并作为唯一道德代理人享有伦理关怀，动物只有作为人类的工具价值。正如罗素所言，"而在价值的哲学中，情况却恰恰相反。自然只是我们所能想象的事物的一部分。任何事物，不管是实在的还是想象的，都能由我们评价，没有什么外界的标准可以否定我们的评价。我们自己就是价值的最终也是不可辩驳的决定者，而在价值世界中，自然仅仅是一部分。因此，在价值的世界中，我们比自然更伟大。在价值的世界中，自然本身是中性的，不好也不坏，既不应受赞扬，也不该遭指责。是我们创造了价值，是我们的欲望授予了价值，在这个王国里我们是国王，如果我们向自然卑躬屈膝，我们就降低了自己国王的身份。应该由我们来决定高尚的生活，而不是由自然来决定。"[1]　就价值立场而言，人类中心主义理论弘扬人类价值并不是罪恶，也并不可怕；但如果仅仅只弘扬人类价值，便会使人类习惯于把人类价值当作处理人与自然关系的唯一尺度，有意或无意地忽略或遮蔽自然价值，容易陷入人类中心主义的泥沼。随着社会的发展和价值观念的变革，现代社会对人与自然关系、人与动物关系有了更多的人文关怀和更为明确的责任意识。

第二节　现代人类中心主义观

现代人类中心主义的概念是相对于非人类中心主义和古典人类中心主义而言的，其基本观点是，提倡将人的内在目的性作为行为的主要原则和基本依据，研究选择具体的原则和手段以建立和谐生态环境的可行性。就动物权利而言，现代人类中心主义虽然在概念上反对动物拥有权利，在利益处置方面仍以人类利益为中心，但同意将道德关怀范围扩大

1　［英］罗素：《罗素谈人的理性》，第 159 页。

到人类之外的动物，并承认人对动物具有管理责任。

一、 人对动物的道德关怀

现代人类中心主义观点代表者美国哲学家卡尔·科亨（Carl Cohen）坚持反对动物拥有权利。他认为"权利的概念在本质上属于人；它植根于人的道德世界，且仅在人的世界里才发挥效力和有适用性。"[1] 卡尔·科亨将他反对动物权利的论文称为"为利用动物辩护"。他在论文中，主要从两方面对人类利用动物进行辩护：第一，人类有义务关心这些生物也许能够体会到的痛苦，但这并不意味着人类不能够吃动物，如果吃肉是人类的偏好的话；第二，从人类对动物的关心并不能推出在医学研究中不能使用动物的结论，因为在对付某些人类疾病时，对药方的寻求以及对人类痛苦的解除基本上都依赖于使用大、小家鼠之类的动物实验。科亨还进一步指出，人们不愿意直截了当断言动物不拥有权利是因怕被他人认为是冷酷无情的。弗雷（R. G. Frey）也明确反对动物权利，并对彼得·辛格和汤姆·雷根确信动物拥有权利进行了集中分析和批判。他指出，那些诉诸婴儿和严重精神衰弱者的情形能够有效代表动物的利益（雷根和辛格都认为能够代表）的辩护是不可靠的，他认为人类个体并非都拥有同样的内在价值，动物也一样。[2] 爱伦·怀特（Alan White）认为人与动物的差别不是某种基于事实的标准，如能够感受疼痛之类，而是逻辑上的。人是逻辑上唯一能有权利的生物，因为权利是一套完整的"关于权利的语言"，既能够获得也能够放弃。在关于权利的完整语言中，仅有感觉能力或感受痛苦能力的某些事物不是具有行使、拥有、享受权利的能力的必要条件，更不可能诉求、维护、坚持其权利或为其权利而斗争，不可能让渡、放弃权利，也无法履行责任、义

1　[美] 汤姆·雷根、[美] 卡尔·科亨：《动物权利论争》，杨通进、江娅译，北京：中国政法大学出版社 2005 年版，第 213 页。

2　参见：R. G. Frey, "Animal Rights," Analysis, Vol. 37 (1977), pp. 186－189.

务、特权等等；只有人能够在逻辑上拥有权利，因为只有人能够成为这样论断的主体。不过，虽然权利不是非人（no-person）可以做主体的某种事物，但权利要以某种方式对待这些非人。[1] 在怀特看来，一种物种能拥有权利，另一种物种根本不能拥有权利，二者之间的区别并不影响能拥有权利的物种对不能拥有权利的物种的关心。

美国伦理学百科全书工程总编辑劳伦斯·贝克（Lawrence C. Becker）认为"社会关系的远与近决定了福利的优先次序，社会距离决定了人类的偏好"，较之于动物的福利，人类的福利在道德上具有优先性，因而"人类对同类福利的偏袒是合理的"。[2] 贝克的确精准地捕捉到了一种很有吸引力的人类福利优先论的辩护方式，他并没有费力地说明人类优于动物的道德地位的先验性，而是认为这种优先是由人类社会和心理的经验性基础决定的。贝克认为"人类应该具有的角色存在着一定的特质——是这些特质构成了高尚道德或美德"，而"其中的一些特质是由'社会距离'来决定偏好排序的，就是说，它们赋予了在社会关系上离我们'更近'的那些人的福利以优先性"，由此，"要拥有人类应该具有构成美德的那些特质，在因果关系上，就要坚持人类应该（一般地）对他们自己物种的成员的福利给予优先性"[3]。贝克的这一观点非常的温和，并没有意图说明人类福利具有绝对的、无条件的优先性，而是说至少在"一般"意义上人类福利具有优先性是合理的；他也不是要为残忍对待牧场饲养的动物和用于科学实验的动物而辩护，仅仅说明在跨越物种界限的社会距离面前，人类这种物种与其他物种的社会距离大于人类物种内部的社会距离，因而在面对不同物种福利排序时，通常会有为了人类的利益超过动物的利益的局面。

1　[澳] 彼得·辛格、[美] 汤姆·雷根编：《动物权利与人类义务》，第129 - 131页。

2　[澳] 彼得·辛格、[美] 汤姆·雷根编：《动物权利与人类义务》，第94页。

3　[澳] 彼得·辛格、[美] 汤姆·雷根编：《动物权利与人类义务》，第94页。

二、 人对动物具有管理责任

启蒙哲学家卢梭在《论人类不平等的起源》序言中就曾指出："由于它们没有智慧和自由意志，它们无法认识这个法则；然而，由于它们也具有自然赋予它们的感情，在某种程度上与我们的本性相同，因而它们也应该享有自然权利；人类从而也应该对动物承担一定的义务。"[1] 澳大利亚哲学家约翰·帕斯莫尔 1974 年发表了《人对自然的责任》一书。他在该书中提出人对自然的责任是人对人自身和未来后代的责任。同时，他反对把当代环境破坏的责任都推给古希腊的理性传统以及基督教教义，不仅是因为古希腊哲学和基督教教义中还存在与上述批判相反的记述，更在于西方除了绝对支配传统以外，还存有其他两种传统：一个是神秘主义传统，另一个是温和的支配传统。人对自然有温和的支配传统，即"托管人精神和协助自然"，因此，人对动物具有管理责任。显然，与对自然"绝对的支配"的传统态度相比，帕斯莫尔的态度要谦恭得多，因此可以被看作一种温和的人类中心主义。在帕斯莫尔那里，承认人可以利用自然，但反对自然只为人类而存在这一形而上学命题；承认人是自然的管理人，同时也强调人对自然所具有的保护义务；它的核心在于强调"责任"而非"占有"；既不同于人不可以干涉自然的神秘主义，也不同于人可以随意改造自然的"绝对的支配"，而是处于两者之间，是一种"有责任的支配"，这种责任在于对人类拥有动物之道德权利的一种限制。但是，这种"托管人精神"和"温和支配"实质上仍然意味着自然屈服于人的意志，如果人们违背自然的客观规律，"有责任的支配"则会蜕变为"绝对的支配"，在此意义上，温和的人类中心主义仍然包含有危险因素，伴随着人类的某种暴力性，这也正为激进的非人类中心主义留下了存在和发展的空间。

1　[法]卢梭：《论人类不平等的起源》，第 16 页。

　　比较而言，与古典人类中心主义把人与动物关系对立的外化理解方式不同的是，现代人类中心主义在承认人与自然相统一的前提下，把人与动物的关系放到整体生态系统中考虑，并在强调人的主体地位的前提下，明确对动物给予必要的道德关怀。然而，无论是传统的古典人类中心论，还是改良了的现代人类中心主义观，都在一定程度上奠定了西方哲学中人与动物关系的理论根基，即人类利用动物的行为是正当的，人类可以对动物履行道德责任，但只有人类才有道德权利。人类关心动物、关心生命、关心自然只是为了人类的利益，而不是为了其他生物的利益。人类没有道德责任去保护和提高非人类存在物的利益或内在价值。因而伴随西方世界漫长的工业文明发展过程，人对动物的盲目无度的利用与开发造成生态平衡被破坏和环境恶化，不能不说与此种理论形态是有很大关系的。

　　纵观人类中心主义的动物利用观与非人类中心主义的动物权利观，两大理论派别在很长一段时间内互相争持不下，直至当代也没有定论，其争论的焦点在于动物的道德地位究竟如何。关于动物道德地位的探讨，在现代哲学中，不仅有权利的视角，还有能力与尊严的视角，整体观或共同体的视角等等，接下来将具体分析这些关于动物地位的不同视角。

第四章　动物的道德地位：权利、能力与尊严

如前所述，对动物权利的理论探讨是哲学伦理学界关注的重要问题之一，动物医疗应用的伦理问题也是在动物权利运动兴起的背景下产生的，中医药产业中动物利用的伦理困境更是在这一大的时代背景和国际环境中出现的一个特殊问题。而要厘清动物医疗应用中的伦理问题，解决中医药产业中动物利用的伦理困境，必须要厘清动物的道德地位问题。所谓道德地位（moral status），在内容方面，意指某实体或其利益因自身的缘故而有某种程度的道德重要性，[1] 在讨论范围方面，主要涉及动物权利、能力与尊严等方面。

第一节　生命主体与道德地位

文艺复兴以来，主体性一直是现代哲学的理论基石。在环境伦理学领域，"生命主体"（subject-of-a-life）业已成为一个备受关注的理论概念。以汤姆·雷根为代表的动物权利论者以"生命主体"作为理论出发点，认为作为"生命主体"的非人类动物也拥有道德权利，并要求赋予

1　参见：韩辰锴：《论生态系统的道德地位：对卡恩—约翰逊之争的审视》，《南京林业大学学报》（人文社会科学版）2016 年第 2 期。

非人类动物与人类同样的道德地位。动物权利论的另一代表者弗兰西恩也提出，"我们只有义务赋予动物一种权利，那就是不被当作人类的财产来对待的权利。"[1] 在动物权利论者看来，作为"生命主体"而存在的非人类动物应当与人类分享同等的道德地位。然而，无论是对"生命主体"的概念与定义，还是以"生命主体"为出发点到动物拥有道德地位的论证过程，动物权利论都有着难以回避的理论缺陷。在实践层面，动物权利论在现实认同、不可或缺的应用领域，以及生态环境保护等方面也存在着诸多困境。

一、 生命主体与固有价值

动物权利论的理论关键在于，作为"生命主体"的个体存在都拥有着固有价值，据此，作为"生命主体"的动物也都具有固有价值，从而享有平等的道德地位。换言之，非人类动物与人类都是"生命主体"，因此，非人类动物同人类一样都具有固有价值。在此基础上，非人类动物也享有与人类同等的道德权利。这一推论粗略看上去是能够自洽的，但在权利主体的界定方面却存在诸多问题，其论证过程也颇具争议。

在权利主体界定方面，动物权利论所要面对的第一个问题是"生命主体"到底是什么？这一问题可以转化为以下问题群：是否所有生命都是"生命主体"？如果是，那么"生命"与"生命主体"有何区别？这样的区别又有何种意义？如果不是所有生命都能成为"生命主体"，那么哪些生命才能成为"生命主体"？"生命"与"生命主体"之间有什么明显的区分与界限？雷根在《动物权利研究》一书中将"动物"限定为"若无特别说明，动物一词将指一岁以上精神正常的哺乳动物"[2]。为了说明对"动物"这一概念定义的合理性，他引出了"生命主体"标准

1　[美] G. L. 弗兰西恩：《动物权利导论：孩子与狗之间》，第 22 页。
2　[美] 汤姆·雷根：《动物权利研究》，序言第 7 页。

(the subject-of-a-life criterion)。在他看来，个体存在如果具有一定的偏好利益与福利利益，能够感知痛苦与快乐，具有启动行为来追寻自己欲望和目标的能力，具备信念、记忆和未来感的能力，在逻辑上独立于个体对他人所具有的效用体验与情感生活，拥有这些特征的都可以是"生命主体"。显然，他所引出的"生命主体"标准与其所限定的"动物"概念本身是有着明显冲突的。即便是非哺乳动物或是一岁以下的哺乳动物，也可能存在信念、感知或偏好等符合"生命主体"标准的能力或条件。并且，雷根为了将争议限制在最小范围内，特别说明其所指的"生命主体"其实"就是哺乳动物，而其他生命形式不是"。[1] 由此可见，雷根对"生命主体"的界定并非出自理性论证，而是诉诸直觉的一种概括，这种概括缺乏严密的逻辑性与合理性，因而也难以回答"生命主体"到底是什么的基本问题及其问题群。

在权利主体界定方面，动物权利论所要面对的第二个问题是物种歧视问题。这一问题在动物权利论中需要从两方面去分析。一方面，根据雷根对"生命主体"的界定与划分，非哺乳动物以及年龄在一岁以下的哺乳动物，均不符合"生命主体"的标准和条件，因此并不能够成为动物权利的主体。无疑，这种划分本身对非哺乳动物和年龄在一岁以下的哺乳动物是一种潜在的歧视。另一方面，雷根认为物种不是个体，权利观点没有认可物种的任何权利，包括生存权。此外，个体的固有价值和权利的涨落并不依赖于他所属物种的丰富或稀有。[2] 不难看出，雷根在这里所主张的动物权利是一种绝对个体的权利。他明确地把固有价值与权利限制于个体所有，否认物种具有任何权利，并排斥物种的固有价值。这种权利视角只能主张作为"生命主体"单一个体的权益，却遮蔽个体之间以及个体与物种之间的"主体间关系"。按此观点，无法反映自然界中生物种群互助、竞争生存的生活秩序，也无法解释在自然环境

1　［美］汤姆·雷根：《动物权利研究》，序言第7页。
2　参见：［美］汤姆·雷根：《动物权利研究》，序言第28页。

的生存竞争中，一个动物遭受另一个动物的侵害或是一群动物遭受另一群动物的攻击，这种发生非人类动物之间的竞争与伤害都是理所当然的，而人类的一些行为如果侵害到了非人类动物的利益就会被打上"不道德"的价值标签这种情况。这是一种较为隐蔽的物种歧视，是用"绝对个体"的方法论去处理"主体间关系"的一种矛盾结果。在这种方式下，动物权利论基于"生命主体"个体存在的内在性（固有价值），直接推导出在人与动物的主体间关系中，非人类动物具有被尊重、不被伤害甚至被保护的道德权利，无疑带有明显的片面性与单方性。因此，尽管动物权利论者常把物种歧视当作批判人类中心主义的工具和武器，指责人类常常为了人类自身利益而不顾非人类动物的生命与利益，利用它们，伤害它们，甚至毁灭它们，这些行为在动物权利论者看来都带有明显的人类物种至上的倾向，是一种典型的物种主义的表现，但是动物权利论本身也同样存在着难以回避的物种歧视问题。

除对动物权利主体的界定存在争议之外，动物权利论的理论缺陷还在于，在动物拥有固有价值基础上得出"动物拥有权利"的结论，这一推论过程是比较牵强的，严格来说是断裂的。按照雷根的理论逻辑，如果他为动物权利的辩护是合理的，非人类动物就与人类一样具有特定的基本道德权利（包括被尊重的根本权利），这种权利是它们作为固有价值的拥有者所匹配的。在此推论过程中，动物拥有基本道德权利的理论基础正是在于它们是固有价值的占有者。可以将这一论证过程精简为如下模式：

前提：动物拥有固有价值。

结论：动物拥有道德权利。

这一论证过程存在以下三个主要问题：

第一，论证前提存在问题。前提问题包括动物的界定与固有价值两方面。动物界定问题已在上述关于权利主体的界定问题中有所论及，不再赘述。再看雷根一直强调的固有价值，除了指出固有价值是特定个体自身所具有的一种价值之外，对固有价值的具体内容或价值指向到底是什么，雷根并未对此做出具体说明。可见在这一推论中，固有价值概念是非常模糊的。因而，建立在模糊概念基础之上的动物权利理论的坚实性就必然受到影响。事实上，雷根声称的固有价值概念掩盖了非人类动物与人类之间的实质性差异。马克思曾指出，"一当人开始生产自己的生活资料，即迈出由他们的肉体组织所决定的这一步的时候，人本身就开始把自己和动物区别开来。人们生产自己的生活资料，同时间接地生产着自己的物质生活本身。"[1] 人类与非人类动物的差别并不是一种单纯理论上的设定与区分，当人类开始生产自己的生活资料时，与非人类动物之间的差异就已经明显区分开来。"在生产内容方面，人的生产具有全面性，而动物的生产是片面的；在生产方式方面，人的方式是可以脱离肉体的，动物的方式是受肉体支配的；在生产尺度方面，人不仅可以按照各种尺度进行而且按照美的规律进行构造具有广泛性，动物只能按照自身的尺度具有狭隘性。"[2] 这些本质区别不应被模糊的价值概念所遮蔽，而应当从自然与历史的进程中去发现、认识并解释它们。

第二，论证过程的断裂与矛盾。雷根论证动物拥有固有价值的过程主要体现为：非人类动物和人类一样在自然界中存在着，因而也和人类一样拥有固有价值。问题在于，即使雷根声称的那种固有价值（内在的、天赋的）确实存在，但它只是表达一种实存的状态或能力，"存在"本身是一个中立的概念与事实，不具有善恶是非道德层面的评价意义。因此，从"存在"直接到拥有某种"价值"的论断，这一过程跨越了事实与价值的界限与鸿沟，是一种断裂的论证方式，其论证结果的合理性与有效性也因此受到影响与怀疑。另外，在雷根看来，满足"生命主体"标准的个体正是因为拥有固有价值才拥有道德地位，而非哺乳动物，或年龄在一岁以下的哺乳动物，或其他自然存在物（例如植物），就不具备固有价值，进而也不能享有与人类平等的道德地位。然而，雷

1　《马克思恩格斯文集》第 9 卷，北京：人民出版社 2009 年版，第 519 页。
2　张燕：《谁之权利？何以利用？——基于整体生态观的动物权利和动物利用》，《哲学研究》2015 年第 7 期。

根在他的逻辑论证中却又特别强调，"没能满足生命主体标准的人类和动物，仍然具备固有价值。"[1] 显然，这一说明与其对"生命主体"概念的设定初衷是相悖的。

第三，推论内容忽视了权利的社会性。人类之所以拥有某种权利，并不是因为人类在自然界中存在着，也不是因为人类拥有某种固有价值，而是经过漫长时间的进化发展，在慢慢形成独具人格的自然属性之外，人类还在互相交往中发展出了社会性，并创造了一套以"权利"为核心内容的权利话语体系。从权利概念以及发生学角度来看，权利并非人类从自然界中诞生之初就有的，也并不是人类社会经历的各个阶段都具有的普遍特征，而是在特定的历史条件和社会背景下产生的。严格来说，权利话语是启蒙运动以来，人类生活众多解释话语与规范体系中的一种表达方式，是人类社会关系的一种特定产物。从权利内容来看，权利总是与义务、责任这种约束性的社会关系联系在一起的，"一种权利若自身不能给予他人约束的话，那么就难以得到辩护，不能算作一种真正的权利。"[2] 因此，在关于权利的完整语言中，只有人能够在逻辑上拥有权利，成为真正有意义的权利主体。

概言之，动物权利论的理论出发点"生命主体"这一概念本身存在着定义与界限的模糊以及难以回避的物种歧视问题。就其理论形成过程看，动物权利论从"生命主体"个体的内在性（固有价值）推论出所有符合"生命主体"标准的个体存在都应该获得平等的道德地位，这是一种依据"绝对个体"的方法论模式。然而，在分析动物权利的伦理意义时，转而采取了"主体间关系"的方法论模式。这种"主体间关系"具体表现为，在人对动物的指向性中，人类负有尊重动物权利的义务，应当像尊重人类一样尊重非人类动物，不伤害动物，保护动物。在非人类动物之间，以及非人类动物对人的指向性中，个体动物却不必负有尊重

1　[美] 汤姆·雷根：《动物权利研究》，第 208 页。
2　[加] L. W. 萨姆纳：《权利的道德基础》，李茂森译，北京：中国人民大学出版社 2011 年版，第 34 页。

其他动物、人类、和物种的义务。显然，这是一种有着双重标准的理论缺陷。

二、 动物权利与现实生活

尽管动物权利论在理论上还有诸多问题与争议并未解决，但理论强大的力量已经将这种权利观点置于更大的历史与实践背景中，像雷根这样的道德哲学家对动物进行的前反思态度已经掀起了全球范围内的动物权利运动。作为一种实实在在的社会运动，动物权利运动的目标不只是废除打猎、钓鱼等对动物带有欺诈性或伤害性的人类娱乐活动，也不只是要求人们停止食用动物成为素食主义者，而是全面废止动物产业，包括人类进行科学研究中使用动物的行为。雷根指出，"不全面废止我们所知的动物产业，权利观点就不会满意。"[1] 从该运动口号和其宣传导向来看，动物权利运动旨在强调非人类动物与人类享有平等的道德地位，努力为非人类动物伸张权利，保护非人类动物的生命与各项福利，进而保护自然生态环境。尽管这些口号与诉求看似完美，但在当前的生产力发展水平下，还不具备实践意义上的可操作性，与现实生活世界的认知水平、发展要求都相去甚远。具体而言，其实践困难性主要体现在以下方面：

第一，道德地位平等的要求无法获得现实认同。如果按照动物权利论所要求的，"生命主体"享有平等的道德地位，那么据此可以推导出，人杀害人与人杀害非人类动物是一样程度的不道德。换言之，人杀害人只需承担与人杀害动物同等的道德责任，人杀害动物也应当承担与人杀害人相同的道德责任。显然，无论是将杀人的罪恶消解为与杀害动物同样的不道德程度，还是将杀害动物的不道德上升到杀人的罪恶程度，这两种结论都是荒谬的，在现实生活中不可能被接受。如果将同样的情形

1　［美］汤姆·雷根：《动物权利研究》，第331页。

放在非人类动物之间考虑，根据所有"生命主体"享有平等道德地位的原则，每一个符合"生命主体"标准的非人类动物都享有平等的道德地位。据此，非人类动物之间相侵、相食、相害就可以被贴上"不道德"的标签。比如，大鱼吃小鱼、小鱼吃小虾、猫吃老鼠等自然生态食物链行为，在这种理论下便可以被看作是一种不道德的行为。这显然也有悖于常理，不符合现行社会人们正常的价值观与世界观。

再者，权利语言的另一端是义务。所有"生命主体"如果能够分享平等的道德地位，那么同时也该能够承担相应的道德义务。特别是当动物权利论者强调人对非人类动物具有直接的道德义务时，是否也该考虑非人类动物能否也对人类负有一部分相应的（至少是基本的）道德义务？然而这种义务从何而来？人类如何去向动物寻求这种义务？非人类动物之间又如何去互相寻求这种义务？显然，这些问题在现实生活领域不可能得到真正有效的解决方案。即便在非人类动物与人类之间，或者非人类动物互相之间存在着一些陪伴、照顾甚至互助的行为或方式，但也并不能够当成是一种出于道德的行为或方式。正如卡斯利·威尔逊（Catherine Wilson）指出，"道德概念与照料、互助的概念是相关的，但并不是同延的。……蚂蚁和蜜蜂它们群体之间的合作只是为了族群的共生，并没有什么道德可言。"[1]

第二，动物权利论难以为保护生态环境提供合理有效的辩护。尽管动物权利论旨在倡导非人类动物与人类之间的道德地位平等，要求人类全面放弃对动物的伤害与利用，这在表面上看似与环境伦理学追求生态文明的目标很契合。然而，深入思考动物权利论所主张的权利主体及其权利内容，却会发现它并不能够为保护整体生态环境提供理论辩护。具体而言，在动物权利论中，其道德关怀的对象是作为"生命主体"的个体存在，它要求尊重每一个具备固有价值的个体，而不具有固有价值的个体存在，以及以整体形态出现的物种，都不是动物权利论道德关怀的

1　Catherine Wilson, *Moral Animals*, Oxford: Clarendon Press, 2004, p. 1.

对象，它甚至排斥和拒绝物种的价值。由此可见，动物权利论的道德关怀对象仅仅是个体存在，它并不要求从整体生态系统方面考虑道德关怀问题。换言之，动物权利论并不看重或强调整体系统观念，因此不能给物种和生物种群提供充足的理论保护。按照生态环境保护的现实要求，应当给予物种和种群（尤其是濒危物种）以特别的保护，以防物种灭绝，从而保持生态系统中物种种群的多样性与丰富性。然而，从动物权利论推导不出保护物种的权利，因此也无法为照顾稀有动物、保护濒危物种的观点提供合理理论支撑。在此意义上，动物权利论与当代环境伦理学的整体生态保护要求并不真正契合。

第三，无法回应动物在人类应用领域中的不可或缺性。雷根声称动物权利运动的目标是废除一切我们熟知的动物产业。尽管从动物保护的立场思考，我们确实应当赞赏素食主义的生活习惯，也应当摒弃以动物皮草为装饰的生活消耗，还可以废除以动物为原料的化妆品产业。但是，在现实生活中，仍然有些领域无法完全放弃对动物的利用。以生命科学为例，非人类动物作为实验载体和实验对象是生命科学发展的基础条件。在当代，几乎每项重大科研成果都与动物实验有关。在未来世代中，非人类动物将可能成为人体器官移植的供体，从而缓解人体器官移植供体资源短缺的重大社会问题。目前，在权威生命伦理学文件《赫尔辛基宣言》（2013 年版）中，第 12 条明确规定"涉及人类受试者的医学研究必须遵循普遍接受的科学原则，必须建立在对科学文献和他相关信息的全面了解的基础上，必须以充分的实验室实验和恰当的动物实验为基础。必须尊重研究中所使用的动物的福利。"这一伦理文件也从现实制度层面体现出非人类动物在生命科学应用中不可或缺的重要地位。诚然，生命科学只是人类生活众多领域中的一个方面，在人类生活的诸多领域都离不开对动物的各种不同方式的利用，如果按照动物权利运动的要求，完全废除我们所知的动物产业，世界将变成何种模样，动物权利论者并没有给出应有的回应。

事实上，在人类通过利用非人类动物研究获得知识以挽救生命、增进健康的同时，非人类动物也会从这些研究中获得相应益处。例如，一项对动物营养需要的理解可以促使饲养动物更加健康；一项对动物环境需要的理解能够拓展野生动物保护的理论基础和拓宽保护生态环境的实践思路；一些通过动物实验得到的使人类受益的同类外科手术、疫苗和药物等等也将使非人类动物受到类似的治疗与照护。在此意义上，要求废除一切动物产业的动物权利论则显得过于激进，无法回应动物在现实应用领域中的不可或缺性，而这些应用不仅有利于人类生命与健康利益的发展，也能够惠及非人类动物及其他物种的生存福祉。

概言之，动物权利论平等考虑非人类动物道德地位的要求无法获得现实认同，其基于个体立场的动物保护也并不真正符合整体生态环境保护的伦理要求，并且动物在生命科学等应用领域中具有不可或缺的重要作用，这些因素都使动物权利论在现实生产、生活实践中充满了困难和挑战。然而，这也并不意味着动物权利论完全是一种夸张、虚空的乌托邦理论。尽管在现阶段，接受这种关于废除一切动物产业的道德理论无疑是一场过于激进的冒险，但它对现阶段人类对非人类动物利用与剥削行为的反思与批判却能够提供一些深刻的认识与警醒。这些认识与警醒不仅能够使我们尽量在现实生活中减少对非人类动物的伤害与利用，也能够使我们得以拓宽视野，超越对人类自身命运的关注和关怀，从而欣赏到人类之外的值得我们珍视的某些价值。但无论如何，当审视一种理论的适切性时，我们都不应该忘记现实生活，毕竟人类与非人类动物都离不开各自生活的现实环境。重要的是在现实生活中，如何去认识权利主体的扩张以及如何去衡量人与非人类动物的道德地位。

三、 权利主体的扩张与道德地位的衡量

与其他许多道德理论一样，动物权利论自身既具有鲜明的理论优势，又存在着一些内在的逻辑矛盾与理论弱点。其优势在于所倡导的动物保护观念符合人类文明发展方向和要求，弱点在于上述各种理论缺陷

与现实困境，而造成此种理论问题的根源在于其主体性地位的扩张要求与物种能力之间的断裂。尽管如此，仍然应当看到，动物权利论是动物权利运动的理论基础，是现代动物保护运动得以开展并壮大的最重要的精神力量。因此，必须重视动物权利问题，认真考察动物权利存在的理论条件和现实要求。当权利主体概念被延伸出人类自身范围，也必须警惕因为权利主体范围扩大而导致的权利内容虚空性代价，雷根所设定的"生命主体"正是这样一种情形。

当雷根试图确立动物权利与人权的统一时，亦即试图确立非人类动物与人类之间平等的道德地位与道德权利，便以"生命主体"这样一个模糊的概念来消解或弥合非人类动物与人类之间的生物属性、自然属性以及社会属性的各种本质差异。然而，这些差异并不是一个概念能够消解或是弥合的。并且，一旦将"生命主体"这一概念置于权利话语体系中，就必须考虑其作为权利主体的核心内容（自由、要求、权力和豁免等要素的组合）及其与权利客体之间的关系。在权利话语体系内，权利主体应当能够遵守权利内容所涉及的规范与约束，并且能够控制这些约束，权利客体亦然。在此意义上，能否成为权利主体与能否成为权利客体是一致的。将非人类动物与人类一同纳入"生命主体"这一概念中，并不能够解决非人类动物对权利内容的遵守与控制问题，因此，也无法达成对非人类动物可以成为道德权利主体的一致认同。正如卡尔·科亨（Carl Cohen）在对雷根动物权利论的反驳中所指出的那样，"动物缺乏自由的道德判断能力，它们不是能够对道德要求作出实践和回应的存在，因此，动物没有权利，也不能拥有权利。在一个共同体中，只有对道德判断具有自我约束能力的存在者来说，权利概念才能被正确应用。"[1]

退一步而言，即便认同非人类动物可以拥有某种权利，但这仍然是

1　Daniel Bonevac, *Today's Moral Issues*, London: McGraw-Hill Higher Education, 2002, p. 95.

人类赋予给动物的权利，并且这种权利的实现不应当通过对人类道德地位的贬低来获得，而是需要通过对人类行为采取必要的良性约束来达成。非人类动物即便能够由权利主体扩展而获得道德地位，但与人类的道德地位仍然是有着差异性的，并非同等的道德地位。正如有学者认为，"其他生命形态是无法直接实现对人类的权利要求的，它们的权利要求只能通过人类对自然生活道德义务主体的自觉承担方可实现，它们的权利要求实现的范围与程度，依赖人类对于自然意志和自然法则的认识水平和社会生产力的发展水平。"[1]

尽管非人类动物在权利话语体系中的主体性地位无法得到一致认同，但这并不意味着人类可以无视非人类动物的利益与福利，更不意味着人类可以随意对待非人类动物。一方面，就人类权利本身而言，也包含着重视非人类动物利益与福利的要求。"真正的权利要求在其适当存在的规则体系中得到社会政策的认可，而这种社会政策能够最好地促进某种人们赞成的目标。"[2] 显然，动物保护是一种人们愿意共同赞成的目标，人类权利应当在能够促进这一目标的社会政策或规则体系中进行，因此，积极保护非人类动物的利益与福利也是人权的重要内容之一。虽然只有人能够真正在逻辑上和现实中拥有主体意义上的权利，权利不是非人类动物可以成为主体的某种事物，但权利要求以某种合理的方式对待这些非人类动物。这些方式在权利话语体系中则可以表达为义务或责任，人类有义务和责任以某些原则性的方式将道德关怀扩展至非人类动物。另一方面，尽管在当代诸多公共事务中，权利语言或权利体系都是重要的表达语言或参照体系，将动物权利视为动物福利保护的重要工具是生态环境论域中的重要内容，但这只是为达成动物保护这一目标的一种方式，一种诉诸主体性以及主体性权利的诉求。当然，我们也看到，如果将任何积极权利都全然归之于"生命主体"，各种现实困境便会继

---

1 刘湘溶：《生态伦理学的权利观》，《道德与文明》2005 年第 6 期。

2 [加] L. W. 萨姆纳：《权利的道德基础》，第 182 页。

之而来。另外，比较有趣的是，当下对待动物权利的不同观点，无论是支持动物拥有权利的一方，还是反对动物拥有权利的一方，他们的理论出发点都与生物进化论息息相关，就理论渊源而言，这也是值得我们关注和需要加以分析的。

第二节　动物权利与生物进化论

从理论的历史进程来看，在动物权利论提出之前，达尔文在其生物进化论中就已经关注到人类与动物的道德能力问题。然而，在动物权利视域里，达尔文生物进化理论却陷入一种尴尬境地。动物权利论者强调，人类是从某些低等动物进化而来，从低等动物到高等动物在结构和能力上都具有连续性，并且，人类和高等动物在心理能力上的区别只是程度不同，而没有本质的差异。换言之，人类在本质上就是一种动物，动物性（animality）是人的关键属性之一。由此，他们认为动物也应当拥有与人类同等的道德权利。反对动物权利论的阵营却认为，正是由于生物进化的原因，在"物竞天择，适者生存"的自然选择机制下，人类的诞生是漫长的自然选择结果，人类在自然界中具有某种优越性。因而在他们看来，人类对动物的利用行为也是自然的、正当的。

无论是动物权利论者，还是反对动物权利论者，对达尔文生物进化思想的理解和阐释都存在着一定程度的偏颇与自我取舍的倾向。动物权利论者利用达尔文对生物进化的描述，对生物进化在遗传性与连续性方面给予了突出强调，以确证动物与人类拥有共同的生物本性，进而证明动物也应当拥有道德权利。而反对动物拥有权利的阵营则突出强调达尔文生物进化中的变异性与适应性，以确证人类与动物之间有着不可消弭的差异，从而证明动物不可能成为道德主体，不能配享与人类同等的道德权利。事实上，两大阵营都只是选取了达尔文进化理论中对自身比较有利的部分作为捍卫自身、攻击对方的辩护工具和理论武器，而达尔文思想体系中对人与动物关系、人与自然关系真正具有解释优势的理论精华却被扭曲或忽略。对此，厘清达尔文生物进化论中自然选择与"弱肉强食"、物种差异与物种歧视，以及道德能力与道德权利的逻辑关系，对深入探讨动物权利问题具有鲜明的理论价值，对人与动物、人与自然、人与人如何相处的现实问题也具有重要的指导意义。

一、 自然选择与"弱肉强食"

达尔文生物进化理论自被提出后就遭致各种误解和扭曲，特别是在中文语境下，对"物竞天择，适者生存"自然选择机制的解读被打上了更多生存斗争的印迹。在自然选择过程中，遗传与变异是最为重要的两个环节。对于遗传和变异的生物学解释已无须赘言，面对各种对达尔文理论的误解与扭曲，亟需澄清的是符合达尔文本意的对遗传和变异的哲学解释。

尽管各种反对动物权利的理论都试图将人类从自然中完全分离出来，并凸显人类与动物的差异，但也都难以回避人类与其他非人类动物拥有共同祖先的生物学事实。正如达尔文明确指出的，"人和其他动物是来自一个共同的祖系的；不承认这个，而采取任何其他的看法，就等于承认，我们自己的身体结构，以及围绕着我们的其他动物的身体结构，只是一个陷阱，是一个用来把我们的判断能力坑在里面的陷阱。"[1]尽管在达尔文的时代，他从形态学、胚胎学以及残疾器官的角度分析遗传特性远不如现代生物科学对遗传特性的分析精密准确，但依然展示了遗传在生物进化过程中的强大力量。达尔文还指出，"人是在身心两方面都会发生变异的，而这些变异也是直接或间接地能遗传的，其间所通

1　［英］达尔文：《人类的由来》上册，潘光旦、胡寿文译，北京：商务印书馆 2017 年版，第31 页。

过的一些一般的原因与所遵循的一些一般的法则也和其他的动物所通过与遵循的并无二致。"[1]　由此看出，在达尔文那里，遗传确实表达着生物之间的各种亲缘关系，透露出人类与动物之间的密切联系。但是，遗传不仅仅是一个传递过程，更是一个发育过程，在这一过程中时刻伴随着变异。因此，达尔文所表达的遗传其意义更多在于表达一种规律，而不是一个相对稳定的获得性结果，其规律也就在于遗传并没有预定目标，一切都充满了变化与竞争。

　　动物权利论者有时将达尔文进化论作为捍卫动物拥有权利的武器，但有时又对达尔文进化论表现出抵抗的一面。因为其"物竞天择，适者生存"的自然选择机制包含了人类优越性的表达，而"优胜劣汰"的竞争思想早已深入人心，在这种理论模式与人类思维习惯的影响下，谈论动物权利就显得苍白无力。然而，对于"物竞天择，适者生存"意义的误解也是对达尔文思想误解最为普遍和深重之处。一方面，正如达尔文自己所解释的，"就严格的有社会性的动物来说，自然选择，通过对有利于社群生活的一些变异的保存，有时候也对个体发生作用。一个包括着大量天赋良好的个体的社群会增殖得快些，而在和其他不那么幸运的社群的竞争中取得优胜，这优胜是一种总的优胜，和社群之中各个成员之间的成败优劣是两回事，并不相干。"[2]　亦即，自然选择机制所描述和适用的对象是社群，而不是个体。因此，在借助达尔文进化论讨论动物权利话题时，也应当分清讨论范围是个体权利还是整体权利。如果是个体权利的讨论，则达尔文进化论并不适用于此；如果将动物权利诉诸一种整体意义的讨论，尽管人类社群可能是地球上自有生物以来所曾经出现的最占优势的动物物种，但这并不意味着人类可以从自然中完全独立出来，自成一体。"人没有合理的权利来自成一目，而单单把他自己安放进去。"[3]　然而，人们习惯于根据字面意思将"适者生存"理解为胜利

1　［英］达尔文：《人类的由来》上册，第 64 页。
2　［英］达尔文：《人类的由来》上册，第 84 页。
3　［英］达尔文：《人类的由来》上册，第 238 页。

者得以生存，"胜者为王，败者为寇"的观念也早已深入人心，这自然地就为物种主义倾向提供了一种辩护，而动物权利论的反对阵营正是利用了这一思维常识，或隐或显地宣示人类物种对其他物种具有不言自明的优势与统治权。但事实上，在达尔文那里，"适应性"并不代表某一个体在特定环境中的优势地位，而是指这一有机体在当前状态下对环境变化的适应能力。尽管并不能否认生存竞争会促成更有效的适应性变化，但其有效性也只能由自然选择标准受其影响的变化程度来衡量，亦并不能由此判断人类在这些变化方面占有绝对优势。

简言之，达尔文生物进化论旨在阐明物种的发展是从内部产生遗传与变异，并经历自然选择的历程。虽然生存竞争是这些过程中的重要元素，但他并不宣扬"弱肉强食"的斗争倾向，而是试图阐明物种之间的转变是一种开放的过程，它并不预设任何目标，也不指向任何结果。因此，无论是动物权利论的支持者将其作为人与动物间亲缘关系的分析理论，还是动物权利论的反对者将其作为人与动物之间统治与屈从关系的分析理论，都并没有遵从达尔文本意，也都难以完整反映和勾勒出达尔文生物进化的哲学思想全貌。

二、 物种差异与物种歧视

在大多数致力于批判人类中心主义、主张动物权利的论证中，物种歧视都是一个重要的论点和话题。他们认为物种差异是物种歧视的逻辑基础。在他们看来，人类中心主义总是强调人与动物之间具有不可消弭的各种差异，并在这些差异中揭示人类具有某种优越性，这些优越性的表达本身就是一种物种歧视行为，也成为人类对非人类动物产生物种歧视的理论基础。达尔文特别关注物种差异问题，物种内部和物种之间的变异与分化过程，以及由此引发的生物多样性或物种差异性的价值与作用，都在他的理论中占据了重要地位。他还指出，"人，即使今天还活在最狂野的状态之中的人，是地球上自有生物以来所曾经出现的最占优势的动物。他散布得比任何其他有高度有机组织的生物形态更为广泛，而所有的其他生物形态都在他面前让步。"[1] 这种人类具有优越性的描述与表达也让他被贴上"物种主义"（Speciesism）的标签，遭到动物权利论者的批评与诟病。

事实上，物种差异作为不同生命特征的区分表达，是一个中立的理论概念。认为在人与动物之间存在一些难以抹去的生命特征差异，并不表明人与动物之间的差异具有政治与逻辑上的次生地位，而是表明从根本上区分它们有赖于物种差异，且受制于物种差异。达尔文生物进化论中对于物种差异的描述也是中立的，他只是试图通过差异来描述生物的生成与生命表现形式，以及它们过去、现在与未来之间的联系。尽管作为人类种群中的一个个体，达尔文难以回避地带有一种人类中心的语言表达与价值判断，但他并不带有政治目的意义上的物种歧视和物种压迫的价值倾向。

马克思也指出，"动物只是按照它所属的那个种的尺度和需要来构造，而人却懂得按照任何一个种的尺度来进行生产，并且懂得处处都把固有的尺度运用于对象；因此，人也按照美的规律来构造。"[2] 尽管人与动物之间的物种差异是显著的，但人类生产实践的尺度并不以差异为标准。尽管人懂得按照任何一个种的尺度来进行生产，但这并不意味着人类尺度是最高尺度，人还应当按照美的规律来构造。这就意味着人类应该有一种高尚的道德情怀，对自然爱护，对动物怜悯，对各种生命都予以关切和照顾。在此意义上，把人的道德责任与义务范围扩展至非人类动物的要求也为人类道德修养的发展提供了新的空间与可能性。

概言之，物种之间存在各种系统的、或显或隐的差异早已是不争的事实。然而这些差异本身并不具有先验的、或特别的社会意义，只有在

1　[英] 达尔文：《人类的由来》上册，第 65 页。
2　《马克思恩格斯文集》第 1 卷，第 162－163 页。

具体的社会情境或语言情境之中，它们才获得特殊的社会意义和价值。重点在于用何种语言或如何去描述这些差异，而物种范畴正是一种描述差异与共性的哲学社会学建构理论。在这种社会性理论框架下，差异的意义便会受到政治目的驱动，其运作也会受到政治目的影响。动物权利运动是一场自由主义思潮背景下的广袤的政治运动，在此背景下，强调人与动物之间存在物种差异的观点便容易被认为存在物种歧视的价值倾向。但在中立的语境中，人类与动物之间的物种差异并不能成为人类歧视非人类动物物种的理由，而更应当成为保护非人类动物的理论源泉和实践动力。

三、 道德能力与道德权利

一直以来，是否具备道德能力是论证动物能否拥有道德权利的一个关键因素。动物权利论者与反对动物权利论者两大理论阵营的核心区分也在于对道德能力的看法不同。动物权利论者认为动物具备道德能力，因而也应当拥有相应的道德权利。而反对者认为，动物不具备道德能力所要求的承担责任与义务的主体功能，也无法主动建构或配合道德权利所要求的主体间交互关系，因此无法拥有真正意义上的道德权利。即便一些弱式人类中心主义的理论愿意承认动物也拥有某种道德能力，但在他们看来人类能力具有天然的优越性，动物无法配享与人类同等的道德权利。对此问题，达尔文指出人与高等动物和低等动物之间存在诸多差异，但这些差异都只是程度上的区别，而非本质上的差异，人类与动物之间的本质差异在于道德。"所谓有道德性的动物就是这样的一种动物，他既能就他的过去与未来的行为与动机作些比较，而又能分别地加以赞许或不赞许。我们没有理由来设想任何低于人的动物具备这种能力。"[1]在达尔文看来，道德感是人类特有的生命特征，也是能够将人与动物从

1　[英] 达尔文:《人类的由来》上册，第 168 页。

本质上区分开来的重要依据。人类具备道德能力，而低于人类的动物不具备道德能力。

　　在达尔文那里，尽管动物不具备道德能力，但这绝不是人类可以随意对待动物的理由。相反，人类应当爱护动物，因为人类具备道德能力，即达尔文所说的"人道"。"人道的观念是一个新鲜的东西。这个美德，人类所被赋予的最为崇高的美德之一，看来是在我们的同情心变得越来越细腻柔和，越来越广泛深透的过程中偶然兴起的，而其发展的结果，终于广被到一切有知觉的生物。起初只是少数几个人尊重而实行这个美德，但通过教诲和示范的作用，很快也就传播到年轻的一代，而终于成为公众信念的一个组成部分。"[1] 可以看出，达尔文将"人道"视为一种崇高的美德，人类对待其他生物的态度应当遵循这种美德，不应当因人类比非人类动物具有优越性就随意利用或压迫动物，而应当把"人道"推及到非人类动物当中去，尊重并爱护非人类动物。从这一意义上看，如果将达尔文理论置于动物权利运动的语境中，也应当是一种明确的非人类中心主义立场，但其非人类中心主义立场的出发点不是动物拥有道德权利，而是人类拥有道德能力。

　　进一步而言，人类因为具备道德能力而能够成为道德主体，但作为道德主体的人并不能作为完全独立的群体或个体行为者而存在。"无论是在人那里还是在动物那里，类生活从肉体方面来说就在于人（和动物一样）靠无机界生活，而人和动物相比越有普遍性，人赖以生活的无机界的范围就越广阔。人靠自然界生活，自然界是人为了不致死亡而必须与之处于持续不断的交互作用的过程的、人的身体。所谓人的肉体生活和精神生活同自然界相联系，不外是说自然界同自身相联系，因为人是自然界的一部分。"[2] 人是自然的产物，与动物共同分享着自然环境与资源。这就要求人们对其身处的自然环境有一种珍惜的道德本分，对同样

1　[英] 达尔文：《人类的由来》上册，第 185 页。

2　《马克思恩格斯文集》第 1 卷，第 161 页。

身处于自然环境、亦是自然界一部分的非人类动物有一种珍惜和照顾的道德责任。这种道德本分与道德责任，一方面出于派生的义务关系，即人类对动物的道德义务源自对人类的道德责任；另一方面，也正是因为人具有道德性，这种对动物的道德责任是人类道德性的本能与必然要求。人类对动物的道德本分与道德责任来源于人类的自然身份与社会身份，自然身份具有天赋义务的性质，社会身份具有契约责任的性质，这是人类道德责任的双重来源和体现。

就人与动物关系而言，在权利话语体系中，人类对动物的道德本分与道德责任通常被动物权利论阵营强化为一种动物的道德权利，这种权利意识主张动物也应当拥有与人类同等的道德地位。然而，无论是彼得·辛格从功利主义角度发出"动物解放"的宣言，还是汤姆·雷根以"生命主体"为出发点对动物拥有道德权利的论证，都并没有真正获得成功。因为物种之间确实存在着不可消弭的能力差异，动物权利论也存在着难以回避的理论缺陷与实践困境。事实上，对动物而言，这样一种道德权利只能是一种虚化的道德权利，因为动物既不具备伸张权利的主体资格，也不具备履行道德义务的主体能力，因此不具备完整意义的道德主体地位。

对人类而言，动物主体地位的扩张要求正是人类道德性的体现，尽管是一种权利话语的表达，但其主体仍然是人，只有人能够真正在逻辑上和现实中拥有主体意义上的道德权利。主张动物拥有道德权利的真正有效意义并非在于让动物成为作为道德主体的某种存在，而是要求人类应当以某种方式对待非人类动物。这些方式在权利话语体系中则被表达为道德义务或道德责任。正是在此意义上，人类有义务或责任将道德关怀扩展至非人类动物。正如邱仁宗教授指出，"我们谈论动物权利时，就是将动物视为权利主体。这个权利主体是比人类儿童、残疾人和老年人更为脆弱的个体和群体。说一个人或一个群体脆弱是指他（她或它）或他们（她们或它们）自身没有能力来维护自己的权利和利益。因此，它们更应该有合理和合法的权利，要求人类善待它们，向它们提供物品或服务。总之，人类有义务善待动物，向它们提供生存必需的物品或服务。对动物是权利的，对人类就是义务。"[1]

总体而言，在达尔文的语境里，自然是物种起源的场域和生命进化的根基。"从自然界的战争里，从饥饿和死亡里，我们便能体会到最可赞美的目的，即高级动物的产生，直接随之而至。"[2] 在生命的孕育和进化过程中，自然不仅提供场所，也参与其中。生命的产生与进化始终都与自然交织在一起，不分彼此。然而，当人们在权利话语体系中讨论人类权利或动物权利时，有一个既定的理论前提是将人与自然、动物与自然、人与动物做了二元区分的解构。在这种解构模式下，自然被当成了背景，而不是人与动物与之融为一体的整体世界。因此，二元分立的权利理论模式其实与达尔文整体性的生命理论模式是并不相容的，这也是一直以来各种对达尔文理论误解与扭曲的理论根源所在。在达尔文理论体系中，生命演化不是简单的生命去适应自然的过程，而是与自然的协同演化，生命在改变自身性状的同时也改变着自然图景，并展示出最大限度的变化与差异。

物种差异是生命演化的必然结果，也是自然图景的基本特征。因此，正视物种之间的差异，而不是消弭差异，才是任何试图对人与自然关系有所裨益的理论应有的基本态度。特别是涉及人类与非人类动物之间如何相处的各种伦理理论，差异原则都是其必须考虑的重要维度。"如果只解释人类与其他物种的相似性而闭口不提差异性，人类的利他主义理论就不算完整。"[3] 事实上，差异原则不仅在理论上是人类利他主义理论的出发点，在实践中也能够要求更多保护动物的实际行动。人与动物的本质差异在于人类具有道德能力，这种道德能力让人类能够利他地考虑非人类动物的地位与处境，并能够将保护动物当成人类生活的目

1　邱仁宗：《生命伦理学》，北京：中国人民大学出版社 2012 年版，第 249 页。
2　［英］达尔文：《物种起源》，周建人等译，北京：商务印书馆 1995 年版，第 557 页。
3　［美］戴维·斯隆·威尔逊：《利他之心——善意的演化和力量》，齐鹏译，北京：机械工业出版社 2017 年版，第 70 页。

标和内容。尽管"我们无法既把正义当作首要原则，又把差异原则当作正义原则"[1]，但我们可以在承认差异原则的基础上，努力追求正义原则。

应当看到，作为体现追求正义原则的动物权利论业已成为当代动物保护的理论基础和最重要的精神动力，动物权利运动亦是自由主义理论体系中一种充满活力的政治运动。"自然选择从根本上要求，物质世界和其他机体构成了一个活体生命的环境，而一个活体生命则必须根据物质世界和其他活体生命来测定自身。物质世界和其他机体所起的作用，是激励生命的自我征服。自我征服构成生命最基本的特征。"[2] 无论是作为理论形态出现的动物权利论，还是作为一种政治运动形态出现的动物权利运动，它们主张将人类社会中的道德、同情、关爱扩展到非人类物种中去，归根结底都是一种人类生命对非人类物种霸权统治的自我克服。它们所要颠覆的是现有社会中对物种差异的文化与权力建构中的不平等、不对称关系，是人类生命自我超越、自我扬弃、自我进化的一种表现。当然，这并不是主张动物应当拥有某种权利，而是认为人类社会需要形成人类对待自然的一些道德规范，这些规范能够把尊重自然的态度作为一种终极道德态度的实践要求融入人类的日常生活，成为实现人与自然和谐共生的生活方式。

第三节　能力进路与动物尊严

在动物权利论与动物解放论之后，关于动物道德地位问题的理论探讨在传统权利话语体系中似乎并无重大进展与突破。近来，玛莎·纳斯

1　[美] 迈克尔·J. 桑德尔：《自由主义与正义的局限》，万俊人等译，南京：译林出版社 2011 年版，第 201 页。

2　[澳] 伊丽莎白·格罗兹：《时间的旅行——女性主义，自然，权力》，胡继华、何磊译，郑州：河南大学出版社 2016 年版，第 76 页。

鲍姆（Martha C. Nussbaum）与阿马蒂亚·森（Amartya Sen）等对动物尊严与道德地位问题进行了"能力进路"（Capabilities Approach）的分析与探讨。其中，纳斯鲍姆的分析更为具体和系统化。她提出，"能力理论认为每一种动物都自有一种尊严，而尊重动物尊严的义务并非根源于对我们自己的义务。"[1] 相较而言，"能力进路"的特殊性在于将善待动物的要求诉诸能力和尊严，旨在对罗尔斯《正义论》中未能涉及的三大问题之一的动物问题（另两个是残障人问题、不同国籍人的问题）提出理论批判，并试图在人类与非人类动物之间建构一种跨物种的正义理论。

一、 谁的能力？

"能力进路"首先要解决的关键问题是谁的能力应当得到计算？对此，纳斯鲍姆提出了五种不同立场的计算方式，并表示基于社会正义的立场，所有具有感知力生物的能力都应作为目的而得到计算。[2] 不难看出，纳斯鲍姆这一论断内涵了两层基本意思：一是将非人类动物视为行动主体纳入正义范畴，这是对罗尔斯正义论中未能将动物纳入正义范畴讨论的批判与回应；二是将非人类动物视为直接目的，而不是康德式伦理观中的间接目的。

就人与动物关系问题而言，罗尔斯在《正义论》中明确表示，"它们超出了正义理论的范围，而且似乎不可能把契约学说扩大得能够把它们自然地包括起来。"[3] 可见，在罗尔斯那里，正义理论仅仅局限于人类领域，动物在正义理论的范围之外。在纳斯鲍姆看来，罗尔斯正义理论

1　[美] 玛莎·纳斯鲍姆：《寻求有尊严的生活——正义的能力理论》，田雷译，北京：中国人民大学出版社 2016 年版，第 112 页。

2　[美] 玛莎·纳斯鲍姆：《寻求有尊严的生活——正义的能力理论》，第 110 页。

3　[美] 约翰·罗尔斯：《正义论》，何怀宏、何包钢、廖申白译，北京：中国社会科学出版社 2009 年版，第 405 页。

之所以忽略动物，是受到了康德式伦理观与传统社会契约论的双重促动，[1] 而康德式伦理观与传统社会契约结构都是以理性为理论基础的。康德认为"一切为我们行动所获得的对象，其价值任何时候都是有条件的。那些其实存不以我们的意志为依据，而以自然的意志为依据的东西，如若它们是无理性的东西，就叫做物件（Sachen）。与此相反，有理性的东西，叫做人身（Personen），因为，他们的本性表明自身自在地就是目的，是种不可被当作手段使用的东西，从而限制了一切任性，并且是一个受尊重的对象。"[2] 康德认为区别人与动物的基本依据是理性，而且人因为理性而成为一个受尊重的对象，即人因拥有理性而拥有尊严。正是这种将理性视为尊严基础的理论进路否认人类对动物具有正义的责任，即便他们承认人类对动物具有某些义务，那也只是出于对人类的派生义务，是间接而非直接的道德责任。因为在康德式伦理体系中，一切目的的主体是人，"只有道德以及与道德相适应的人性（Menschheit），才是具有尊严的东西。"[3]

在批判罗尔斯对正义主体认定的理论局限性基础上，纳斯鲍姆强调"能力进路"所采取的是一种亚里士多德主义的政治与伦理思想。麦金泰尔曾指出，"亚里士多德主义注意到生命与非生命的区别，包括对动物种属下的人类的特殊理性也被理解为一种动物理性。"[4] 在亚氏那里，人类受到尊重的原因并不以理性为基础，人既具有理性，也具有动物性，并且人的理性与动物性是密不可分的，人类的动物性本身就具有尊严。[5] 因为每个物种都具有独特的能力，这些能力在本质上是区分不同物种的依据，也是该物种应当受到尊重的依据。纳斯鲍姆正是采取了这

1　参见：Martha C. Nussbaum, *Frontiers of Justice*, Cambridge：Harvard University Press, 2007, p. 335.

2　［德］伊曼努尔·康德：《道德形而上学原理》，苗力田译，上海：上海人民出版社 2005 年版，第 47—48 页。

3　［德］伊曼努尔·康德：《道德形而上学原理》，第 55 页。

4　Alasdair Macintyre. *Dependent Rational Animals*, Chicago & La Salle ：Open Court Publishing Company, 1999, p. 11.

5　朱慧玲：《论纳斯鲍姆及其能力进路对正义主体的拓展》，《道德与文明》2017 年第 3 期。

种理论进路，将尊严与能力结合起来，提出每一种动物都自有一种尊严，并且对动物尊严予以尊重的义务并不出于对人类尊严维护的义务，而是出于对动物本身。进一步而言，"把动物看作本质上拥有善的、有生气的存在那种想法，会把我们引向一种更进一步的思想，即它们有权追求这种善。如果我们拥有这种想法，那么我们就极有可能认为那些阻碍它们追求善的伤害是不正义的。在罗尔斯的说明中所缺失的，正如在康德那里所缺失的（尽管更微妙），就是没有将动物本身看作一个主体和对象、一个拥有某种权利的且自身就是目的的生物。"[1] 正是在这一意义上，纳斯鲍姆主张将动物看作力图兴旺地存在着的行为主体，拥有独特的生存与繁荣能力，应当纳入社会正义的范畴。

事实上，纳斯鲍姆对罗尔斯的批评，重点并不仅仅在于正义原则能否容纳非人类动物成为权利主体，其更深层次的意义在于，作为社会制度首要价值的正义原则能否容纳并引领人类社会所信奉的善的观念，并试图以此强调她的能力理论与善的观念及多元文化的相容性。在罗尔斯那里，正义与善是分离的，并且权利优先于善。[2] 而在纳斯鲍姆那里，正义与善是密切相关的，并且善对于权利具有优先性。因此，她尝试跳出物种主义的囿限，将动物纳入正义范畴，从而勾勒出一些基本政治原则来形成与动物能力相适应的社会制度与政策。"能力进路"不仅关注人类世界，也关注非人类动物的生活世界。就此而言，"能力进路"确实刻画了一种更加全面的正义理论，从而在研究范式方面发挥重要作用。在实践领域，承认动物力图兴旺的存在着的基本能力，不仅符合正常的人类直觉思维，也有助于推动、完善动物保护的政治制度与公共政策。

二、　如何计算？

"能力进路"试图对传统的正义主体进行扩展，将动物纳入正义主体之

1　　Martha C. Nussbaum, *Frontiers of Justice*, p. 337.
2　　[美]迈克尔·J. 桑德尔：《自由主义与正义的局限》，第 2 页。

后另一个需要解决的问题是如何计算动物能力？这一问题涉及两个层面：一是何种能力应得到计算或是配享尊严？二是以什么尺度去计算这些能力？

对于将动物的何种能力纳入计算范围，纳斯鲍姆提出运用"能力进路"的人类基础来试探性地概括、描绘某些基本理论原则，从而引导与动物相关的法律制度与公共政策，其涉及动物的能力清单仍然跟人类能力清单基本一致，涵盖了生命、身体健康、身体完整、感知想象和思考、情感、实践理性、依存、其他物种、玩耍、对某种环境的控制等等。[1] 在涉及方法论的层面，纳斯鲍姆清楚地表明这样的能力清单会遭遇直觉主义的指控与诘责，也承认"能力进路"不可避免地依赖直觉，这与罗尔斯正义论在设计原初状态时如出一辙。在涉及具体能力内容的层面，尽管纳斯鲍姆不赞同康德将理性当成是否应当受到尊重的评判依据，但她也并不拒斥理性，而是将理性看作一种能力。人类因具有实践理性而拥有构造性权利，动物没有与之一样的对应物，但对于非人类动物而言，重要的是成为政治观念的一部分，这种政治观念能够尊重动物，并以公正、平等的态度规范出自人类之手的对待动物的各种行为。

关于以何种尺度去衡量动物能力这一问题，纳斯鲍姆多次指出，一种家长主义（Paternalistic）的运作形式值得关注。"当个体的选择能力和自主性受到损害时，家长式的对待总是合适的。这一原则表明，当我们与非人类动物打交道时，家长式制度通常是恰当的。"[2] 尽管对于这种家长主义的干预具体以何种方式进行，又以何种尺度丈量，其干预的界限如何等问题非常棘手，纳斯鲍姆仍然尝试着进行了初步阐述。对于人与动物关系中存在不可消除的冲突情形，例如在研究领域使用动物，她明确提出应当对这些问题进行不断的、公开的哲学讨论，表明在道德上什么是对的，并因此承认动物的尊严以及我们对它们的利用是有愧的。同时，她也承认创建一种适合动物能力的规范性理论和界限的区分是非

1　Martha C. Nussbaum, *Frontiers of Justice*, pp. 392 – 401.

2　Martha C. Nussbaum, *Frontiers of Justice*, p. 375.

常困难的，其程度将远远超过人类能力理论。但她认为，总体而言，以睿智的、谨慎的家长主义关注人与动物关系，不仅在理论上是一种人类对动物保护的积极义务，在实践上也是能够推动物种繁荣的一种有效策略。尽管这种关注也同彼得·辛格所主张的功利主义理论进路一样，在具体计算时需要面临量化的难题，但这样的关注远胜于忽视。

简言之，如何计算这些能力，即如何在现实生活中实现"能力进路"，在目前看来还处于设想层面。尽管具体思路还不甚明晰，但从纳斯鲍姆推崇一种体贴的家长主义运作方式来看，"能力进路"的实现依赖于道德情感的培养。正如纳斯鲍姆所言，"一个正义社会的稳定，取决于它反复给人们灌输正确观点和情感的能力，后者会对现有善物的分配制度进行广泛的变革。"[1] 在此意义上，我们便能理解纳斯鲍姆为何主张对动物予以体贴的家长主义的关怀，尽管这是对人类提出一种较高的道德要求，但却是一种重要的道德情感培养方式。只有充分重视道德情感的培养，才有可能引起人们对动物道德地位的关注，才有可能将"能力进路"这种社会正义理论推向更广的空间和更深的实践维度，从而寻求一种有尊严的生活。

三、　何种尊严？

"能力进路"以能力作为正义理论的起点，试图将动物纳入正义主体范畴，并认为动物有其力图兴旺地存在着的能力，因而也应当获得一种尊严。在这一理论进路中，还面临着一个关键问题：动物应当配享何种尊严？

对此问题，纳斯鲍姆的回答并不十分清晰。她认为"能力进路在制定各种政治原则以协调人与动物关系时的总体目标就是，具有感知能力的那些动物都应当有机会过一种繁荣的生活，这种生活能够与该物种所

1　Martha C. Nussbaum, *Frontiers of Justice*, p. 411.

具有的尊严相称；而且，所有具有感知能力的动物都应当能拥有某些积极的机会去过一种繁荣的生活。出于对一个包含各种生命形式的世界的应有的尊重，我们带着一种道德上的关心来考虑每一种繁荣，并努力争取它不被消除或无果而终。"[1] 可以看出，纳斯鲍姆认为动物拥有尊严的基础在于它们具有感知能力，因为拥有感知能力，从而拥有与该物种所具有的尊严。在《政治情感》中，她更是进一步指出："非人类动物会有关心与悲伤，它们经历同情与损失。"[2] 于是，纳斯鲍姆在理论上将对善待动物的要求诉之于尊严。在她看来，"能力进路"能够认可动物的尊严，回应具有感知能力的各种生物成长、繁荣的需求，能够产生物种间的正义规范，从而能够解决罗尔斯并未能够继续深入的物种间正义问题。

然而，尽管纳斯鲍姆多次强调每一种动物都自有一种尊严，或动物应当过一种与该物种所具有的尊严相称的生活，但她并未明确回答这种尊严到底是何种尊严，是与人类尊严平行、一致的一个概念，还是人类尊严的一种扩展？纳斯鲍姆曾明确表示对动物尊严的考虑援引自人性尊严。[3] 关于人性尊严的概念，迄今为止哲学领域最权威的解释仍应当回溯到康德，一种基于理性的人类尊严。于是问题似乎就转向为，在基于能力的动物尊严与基于理性的人类尊严之间，到底存在何种共性和差异？

在形式上，康德的论证思路是人因具备理性而具有尊严。他指出"唯有作为理性自然的人的尊严，不计由此而达到的目的和效益，从而唯有对理念的尊重，才能成为意志不可更易的规范，同时准则的崇高正在对一切这类动机的独立性之中。每一有理性的东西的这种尊严，使他成为目的王国的一个立法成员。"[4] 可以看出，理性在康德式尊严概念中

1　Martha C. Nussbaum, *Frontiers of Justice*, p. 351.

2　Martha C. Nussbaum, *Political Emotions*, Cambridge, Mass.：The Belknap Press of Harvard University Press, 2013, p. 138.

3　[美] 玛莎·纳斯鲍姆：《寻求有尊严的生活——正义的能力理论》，第21页。

4　[德] 伊曼努尔·康德：《道德形而上学原理》，第60页。

重要的基础地位。然而，康德式基于理性的人类尊严也存在着两个难以回避的问题：（1）人类在任何时候都拥有理性吗？例如，胎儿、婴儿、精神病患者等等，这些群体显然很难将其归为理性人群，那么这些非理性状态下的人是不是就意味着不具有尊严呢？（2）理性就一定带来或指向不容侵犯的尊严吗？"理性可以使我们比任何一种动物更动物性地存在，可以建造一个集中营，残暴地杀人，用技术的、医学的手段使人们失去他们的自制力。……这个理性同样也打开了人们失去自制力地对待我们同胞的可能性。"[1] 无数事实表明人类理性中那些恶的观念和行为会给人类尊严带来伤害和破坏。

纳斯鲍姆沿用了康德对尊严的论证思路，认为动物因拥有感知能力而具有尊严。论证形式的相似性让她在这里陷入了两个困境：一方面，她声称"能力进路"中的动物尊严观念是援引自人类尊严概念。然而为了区分与康德式路径的不同，她又强调我们的尊严不过是某种动物的尊严，"人类的动物性本身就具有尊严"[2]，这在逻辑上无疑是矛盾的。另一方面，纳斯鲍姆基于能力的尊严同样要面对类似康德的那两个难以解决的问题：（1）没有力图兴旺的存在着的能力的个体是不是就意味着没有尊严？例如，植物人。（2）所有力图兴旺存在着的能力都能指向尊严的获得吗？动物跟人类一样存在着各种攻击与破坏能力，这些攻击与破坏能力随时随地都可能侵犯其他个体的尊严。

在内容上，康德将理性作为尊严的依据，其目的一方面在于确立"人之所是"的尊严，即人之为人所具有的一种神圣不可侵犯的尊严；另一方面还在于对"人之所为"的一种要求与规范，人因为具有理性，所以人能够自律，能够进行一种出于责任的自我约束，追求道德。深而言之，这才是人具有尊严的真正根据。正如康德所言，"他把自己进行这类活动的意志，看作直接尊重的对象，唯有理性才能把这些行为加之

1　[德] 瓦尔特·施瓦德勒：《论人的尊严——人格的本源与生命的文化》，贺念译，北京：人民出版社 2017 年版，第 80 页。

2　Martha C. Nussbaum, *Frontiers of Justice*, p. 356.

于意志，人们不能诱使意志这样行动，归根到底，这总是和责任不相容的。……所以自律性就是人和理性本性的尊严的依据。"[1] 可见，责任和自律是康德式尊严在内容方面的重要内涵。

然而，纳斯鲍姆对于康德式尊严并不满意，她鲜明地指出"能力进路"中的尊严观念是亚里士多德式的，而非康德式的。"能力进路把理性和动物性看作完全统一的。……它把理性只看作动物的一个方面，而且在这一点上，它还不是与真正的人的活动观念相关的唯一要素。更概括地说，能力进路认为世界包含许多不同类型的动物尊严，所有尊严都值得被尊重，甚至被敬畏。"[2] 由此可见，纳斯鲍姆并不拒斥理性，但是她反对康德将理性置于高位的安排。实践理性在她的能力清单中只是核心能力的一种，是动物在活动上具有的一种手段。为了能够使尊严概念实现从人到非人类动物的扩展，纳斯鲍姆选择将理性与动物性同等齐观。尽管"能力进路"的尊严观念扩展了尊严的主体，将非人类动物视为尊严拥有者，却消解了尊严中内涵的责任与义务。换言之，她以尊严内容上的消解换取了尊严外延上的扩展。这种扩展方式跟动物权利论者主张扩展动物道德权利主体一样，在权利主体扩展的同时也伴随着权利虚空性的代价，在"能力进路"中，尊严主体扩展的同时也会伴随着尊严神圣不可侵犯力量削弱的风险。

概言之，在"能力进路"视域下，尊严是一个扩展性的概念，这种扩展性可以从自由与善这两个维度去理解。一方面，尊严是应当被尊重的自由。无论是人，还是非人类动物，都应当享有被尊重的自由。另一方面，尊严是人类本身对善的不懈努力与追求。在与各种生命形态一起生活的世界中，人类可以实现自身到何种程度，取决于人类自身对善的理解和追求，而对其他生命的尊重便是人之为人的一种善的责任与使命。这正是纳斯鲍姆"能力进路"寻求有尊严的生活的理论出发点。

1　[德] 伊曼努尔·康德:《道德形而上学原理》，第 55 - 56 页。
2　Martha C. Nussbaum, *Frontiers of Justice*, p. 159.

四、 能力、权利与有尊严的生活

尽管纳斯鲍姆没有指明动物应当配享何种尊严，但并不意味着她以尊严为导向的"能力进路"就此毫无意义。正如纳斯鲍姆所期望的那样，"每一个国家都应该在宪法或其他关于原则的基础性文件中，将动物纳入政治正义的主体，并承诺会将动物看作有权有尊严地活着的存在。"[1]"能力进路"是一种面向正义前沿问题，致力于推进公共政治领域重大变革的正义理论。在传统正义理论并未深入探讨的人与动物关系领域，"能力进路"采取一种以能力为依据、以尊严为导向的方法，试图构建一种跨物种正义理论，为理解和把握人与动物之间的关系提供了一种更为包容、更加开放的理论视野。

在理论层面，在人工智能已经到来的时代，仅以"理性"作为道德主体的区分依据也确实不能满足现实生活秩序的协调，"能力进路"的阐释不啻为一种跳出传统话语体系的大胆尝试。它既区别于以满足为导向的功利主义，也区别于以权利为导向的动物权利论，能够在更一般的意义上，将人类对待动物的行为以一种伦理的要求，发展出诸种对伤害、虐待、剥削动物等与尊严不相匹配行为的适切的斗争理论。在实践层面，能力方法抓住了直觉吸引力，避免了权利理论造成的人与动物之间的人为紧张关系。权利框架容易让人们把很多关系描述为对抗性的，动物权利论便是一种容易让人与动物关系陷入对抗性的话语体系。纳斯鲍姆将善待动物的要求诉诸能力与尊严，以考虑动物尊严的要求去约束、规范、引导人们对待动物的行为似乎更容易被接纳。

"能力进路"的贡献在理论层面与实践层面都较为突出，但这并不意味着纳斯鲍姆的理论建构是完备的（comprehensive）。她试图超越罗尔斯正义论与传统契约论，但又依赖传统契约论的方法，承认与传统契

---

1 Martha C. Nussbaum, *Frontiers of Justice*, p. 400.

约论的共通之处。她试图通过一种"家长主义的体贴"来完成能力的计算与操作，但其"家长主义的体贴"方法并没有给出清晰的伦理边界。这些具体问题的存在都需要更为精密的论证与进一步探讨。同时，纳斯鲍姆为了实现尊严主体的扩展，将人的理性与动物性等量齐观，从而抬高动物的道德地位，以此将动物纳入正义主体并视为有尊严的存在者，这种理论方式与其他非人类中心主义理论进路实质上是一致的，都是通过消弭人与动物之间的差异来达成权利、尊严或正义主体的扩展，但这种扩展要求确实有助于人们在日常生活中重新思考动物的道德地位问题，以及人与动物如何一起有尊严地，而非互利地活在这世界上。

综上所述，诉诸权利体系或"能力进路"以解决人与动物、人与自然之间问题的尝试并未获得真正成功，仍然需要寻求新的理论途径来解决这一问题。在此过程中，我们应当分清对基本目标的诉求与对权利的诉求之间的区别。当下，保护动物、促进人与动物之间的和谐发展、以及促进整体生态环境和谐的基本目标并不一定要完全诉诸对动物权利的诉求。改变人类对待动物的思维方式，培育人类关爱动物生命的责任与精神也并不必然要依赖于某种模糊的固有价值的基础。"价值的本质在于意义的实现。"[1] 我们也许可以尝试诉诸其他整体性的考虑，或诉诸人类文明更具有现实意义。制度的改善与人性的改善需要齐头并进，否则无论什么道德理想都难以实现，道德共同体的建构正是这样一种努力。在道德共同体的理论框架中，将人类对动物的道德保护视为人类的积极责任和主动义务，一种人类自身文明的进程也将通往动物保护的生态文明进程。

第四节　道德共同体中的动物地位与人类责任

道德共同体通常情况下被限定在人与人之间，特别是契约主义的道

1　武卉昕：《道德价值的实现途径》，《齐鲁学刊》2017 年第 3 期。

德观要求一种严格对等的秩序，将道德共同体的范围限定在理性的人类之间。随着环境伦理学的发展，人类之外的生命被纳入道德关怀的范畴，道德共同体的概念范围也从人类共同体扩展至人类与非人类生命的共同体。动物权利运动的兴起则将道德共同体的扩展从理论层面推至实践层面，甚至在现实生活中要求赋予动物与人类同等的道德地位。然而，这种扩展是否真正有效？能否具有实际的伦理意义？若要给出答案，则要明确在此共同体中动物的道德地位、人类的道德责任以及相关的道德要求等问题。本书将在分析道德共同体这一概念的基础之上，以道德感来说明动物的道德地位，并阐释一种基于严格而谨慎的道德要求之下的人类责任。

一、"想象的共同体"与"扩展的共同体"

"共同体"（community）一词由来已久，原意为"普遍"、"共同"，主要指基于某些共同特征而组成的各种层次的社会团体、组织。在现代语境下，该词的涵义更为丰富，意指由某种共同纽带联结起来的生活有机体，如滕尼斯所言，"共同体是持久的、真实的共同生活。"[1] 一般而言，生活有机体是基于共同的血缘、地缘，共同的生活经验、情感体验和精神信仰等因素在历史过程中形成的，于是，常见的共同体形态有血缘共同体、地缘共同体、政治共同体等等。这些不同形态的共同体有一个共同点，它们都是实存的人类共同体，这种实存的共同体容易被人们感知、理解并接受。

新兴的环境伦理学提出"大地伦理"、"动物权利"等鲜明的口号与观点，认为应将人类道德关怀扩展至自然事物，特别是与人类生命特征有着千丝万缕联系的非人类动物，应当纳入共同体中予以对待，尤其是

1　[德]斐迪南·滕尼斯：《共同体与社会》，张巍卓译，北京：商务印书馆 2019 年版，第71 页。

道德共同体之中予以接受。道德共同体是由道德作为纽带连结起来的一种共同体，意味着将非人类动物纳入道德关怀范围，共同享有某种道德地位。无疑，将道德作为连结的纽带本身具有一种不确定性，并且，对于道德主体的不同理解也造成了对道德共同体的不同态度。反对者要么反对这一概念的成立，要么认为这一概念是虚构的。就前者而言，他们认为非人类动物不具备实质共同体所需要的基本特征，无法与人类一样受制于共同的伦理约束，难以构成共同体，因此这一概念不成立。就后者而言，反对者认为，环境伦理学的这种扩展即便能在概念上称之为一种共同体，但这种跨越种际关系的共同体在本质上只是一个"想象的共同体"，是虚构的。因为它在理性、契约、责任等等这些层面并未达成互相约束，也不可能达成互相约束。就此而言，在人与动物之间，实存意义上的共同体并未真正实现，也几乎不可能真正实现。

需要强调的是，环境伦理学所勾画的人与动物之间的道德共同体尽管是一种"想象的共同体"，但这种想象并非空穴来风，也并非徒增混乱的虚幻想象。共同体概念不仅内含着"共性"，也传达着"陪伴"、"认同"等意义，组成共同体，或置身于一个共同体中，对个体而言，会有一种自身力量得以增强的温暖感觉。如鲍曼所言，"共同体是一个'温馨'的地方，一个温暖而又舒适的场所。它就像一个家（roof），在它的下面，可以遮风避雨；它又像是一个壁炉，在严寒的日子里，靠近它，可以暖和我们的手。"[1] 人与动物之间最普遍意义上的共性在于，一方面，他们同为动物，都是生活于自然中的生命形态，这在逻辑上给道德共同体的扩展提供了空间。另一方面，动物也能给人以温暖和陪伴，宠物就是最好的例子。越来越多的人喜欢养宠物也多半是寻求温暖的一种需要和体现。在现实生活中，人与动物能够互相依靠，获得某种情感的回应与安慰，进而产生交互式利他（reciprocal altruism）的效果。因

---

1 ［英］齐格蒙特·鲍曼：《共同体》，欧阳景根译，南京：江苏人民出版社2003年版，序言第2页。

此，道德共同体概念的产生依循着自然生命的逻辑，是一种可能的，也是必要的伦理扩展。在米兰·昆德拉（Milan Kundera）的小说里，这种伦理扩展被描绘成温情的牧歌式生活，"任何一个人都无法将牧歌献给另一个人。只有动物能做到，因为它没有被逐出伊甸园。人与狗之间的爱是牧歌一样的。"[1]

　　深而言之，当人们去探索、追寻、论证人类与非人类动物的道德共同体是否可能，是否符合逻辑时，其前提或前序事件是一种隔离，这种隔离不完全是事实的区分，也有价值的分离。人类与非人类动物本来都共同来源于自然，栖息于共同的宇宙环境之中。但随着人类生活能力的发展，渐渐将这些共同生活的空间隔离成人类社会与自然社会，本就存在的共同体在这种区分与隔离中慢慢衰落、瓦解，甚至被遗忘。换言之，人类社会、自然社会这样的区分（identity）正是来源于人与自然古老的共同体的瓦解，亦即，人与自然古老共同体的瓦解过程也正是人类社会的解放过程。然而，人类的解放离不开对自然、对非人类动物的利用与压制。通过对自然、对动物的利用，人类在通往解放的道路上获得了诸多便利，这是无需解释的事实。这也正是动物权利论者一直以来主张动物权利、呼吁动物解放的真正意蕴，其目的在于减少人类对动物的压制与利用。从现实行为看，动物不可能对这些压制与利用做出有效行动去维护原先本就存在的共同体生活。如果人类不通过自我反省关注到这一问题，并做出改善的努力，这种分离与割裂将永远存在。从学科发展视角看，"只涉及人对人关系的伦理学是不完整的，从而也不可能具有充分的伦理动能。"[2]　在此意义上，环境伦理学对道德共同体的扩展是必要、且意义重大的。就理论发展路径来看，将动物纳入道德共同体与其说是一种扩展，毋宁说是一种回归，既是对人与自然古老共同体生活传统的回归，也是对亚里士多德美德伦理的回归。在亚氏那里，人与动

1　[法] 米兰·昆德拉：《不能承受的生命之轻》，许钧译，上海：上海译文出版社 2003 年版，第 359 页。

2　[法] 阿尔贝特·史怀泽：《敬畏生命》，第 7 页。

物都是自然预备好了的，"自然所作所为既不残缺，亦无虚废"[1]，他们共同构成了自然的整体（whole）生活，即古老的共同体生活，而善是这种共同体生活的目的，共同体是实现善的手段。道德共同体所追求的正是人与自然、人与动物共同善的价值和理念。

二、 道德感与道德地位

在共同体内部，伦理关系是其成员之间最重要的联系方式，道德共同体所面临的核心问题在于人与动物之间的伦理关系如何界定与处置。这一核心问题可以细化为以下方面：动物如何拥有道德地位？动物享有何种道德地位？以及人类在道德共同体中应当担负何种道德责任？

诸多以理性为基础（例如契约主义）的理论立场都很难同意"动物拥有道德地位"的说法，因为动物并不具备理性。正如罗素指出，"人类许多年的思想，在我们的智慧上、德行上筑了这许多的玄关，即便只是科学的探求事实的欲望，也不免为那些以空想自安的人所排斥。但在动物呢？那决不会有人说是有德行无德行了，也不会有人错想到动物是有理性的了。而且我们也不会盼望动物是有意识的。我们可以断言，动物的一切行动都是从本能出发的，在出发时，行动的结果，不会预先推定。"[2] 罗素在这里不仅言明动物没有理性，甚至连意识也没有，动物的行动只是出于本能。然而，自启蒙运动以来，试图以理性构建一种客观道德标准的愿望与工程是落空的，契约主义道德观已经不能满足人们思想、观念、意识的发展，一种面向未来的伦理理论应该考虑放下契约主义的狭隘，给予动物一种道德地位。环境伦理学对道德共同体的建构便是基于当前生态危机、面向未来的一种理论尝试与努力。就环境伦理学内部的理论发展而言，动物解放论和动物权利论在世界范围内掀起种种

1　［古希腊］亚里士多德：《政治学》，第23页。
2　［英］罗素：《罗素谈人的理性》，第316页。

热潮，但其将动物置于道德主体地位、要求完全平等对待、赋予动物权利的理论并未获得普遍认同，在实践领域也不具备可操作性。各种对动物权利的论证最终都显示了权利话语体系在动物与人类的关系中有着难以跨越的鸿沟，"动物权利的概念不可能导致道德共同体的扩展。"[1]

　　但是，赋予动物某种道德地位并不意味着一定要以权利语言去表达。"我们穿过行动伦理评定的支架，某种意义上像是穿过一双眼睛，从而发现了一个朝向那将我们作为人与所有非人的生物区分开来，并且也将我们和其他所有生物相互联结起来的东西的目光。在好与坏的区分中，在通过这一区分而派给我们的任务中，我们看见了我们的尊严。"[2] 在这里，评定行动伦理所穿过的"一双眼睛"正是人类的道德目光，即人类道德感（moral sense）。有学者指出，"如果我们可以把情感分为自然情感与社会情感，那么，道德情感就属于最能反映人的社会化特征的情感。人的自然情感常常是与生俱来的，在这方面人与动物有着许多共通之处，也正是这种共通之处反映了人与动物在进化进程中的连续性。社会情感则是人的社会化的产物，尽管它以自然情感为基础，但它可以强化或淡化乃至抑制自然情感，并把自然情感引向复杂的社会行为。可以肯定地说，社会情感的充分发展是个人社会化的重要标志。"[3] 进而言之，道德感是人类生活经验和习惯的产物，它是人类在生活环境中形成的一种道德直觉，既是一种情感，也是一种判断。与其他高级情感的重要区别在于，道德感是人们依据一定的道德观念或道德准则，依据社会的道德要求对行为和事件进行评价时所产生的一种情感体验。人类、动物、植物甚至没有生命的无机物，都可能成为道德感的意向对象，道德感的意向内容则是这些对象在某种道德要求或道德标准的映照下所显示出来的意义或价值。"道德感也许提供了一个最好而最高度的差别，足以把人和低

1　甘绍平：《当代伦理学前沿探索中的人权边界》，《中国社会科学》2006 年第 5 期。
2　［德］瓦尔特·施瓦德勒：《论人的尊严——人格的本源与生命的文化》，第 86 页。
3　汪堂家：《生命的关怀》，上海：复旦大学出版社 2019 年版，第 5 页。

于人的动物区别开来。"[1] 在人与动物之间,之所以能够构建起一种道德共同体,其出发点正是出于人类的道德感。因为道德感充盈着一种力量,它能将目之所及的所有事物晕染上温暖的色调,并且通过这种目光和情感,人类能够看到,在非人类动物身上,人类也有一种责任,通过人类自身的道德感赋予了非人类动物道德地位,并使这种责任成为人类生活中的一种严肃的道德要求。换言之,并不是因为非人类动物和人类共存于世界上就因此有了道德共同体,而是因为人类的道德感将非人类动物纳入人类道德关怀的范畴,这才是道德共同体能够形成的情感基础。

无疑,道德共同体基于人类道德感为情感基础的出发点难免会陷入一直以来人们对情感主义的各种批评,诸如情感主义容易导致道德相对主义的泛滥,带来道德虚无主义的纷争等等。因此,在道德共同体中,对道德主体的确认必须是严格的。如果道德主体的指向虚无缥缈,共同体成员精神自主的可能性就难以想象,而随后的道德责任也就无从谈起。道德主体不仅在行动上与道德相关,而且在意识上也与道德相关;更重要的是,在由道德意识派生出道德行为的过程中,它必须是自主的。只有当某种存在物具有道德感知,能够形成道德自觉,进而做到道德自律,并最终外化为自由意志所支配的道德实践时,它才能够被称之为道德主体。在此意义上,非人类动物显然不具备道德主体的必要条件,因而无法成为严格意义上的道德主体。虽然也有学者认为,"种种非人存在物(特别是动、植物)也有主体性,只是它们的主体性不同程度地低于人的主体性。"[2] 这种将主体性程度化的论断,其理论缺陷也是鲜明的,它依然会因程度的界限难以明确而陷入无休止的纷争与混乱。

尽管非人类动物无法成为严格的道德主体,但这并不意味着它们就必须被排除在道德共同体之外,而无法享有道德关怀的资格。弗兰西恩指出,"动物跟我们之间惟一的差别就是物种的差别,但光是物种的差

1　[英]达尔文:《人类的由来》上册,第 190 页。
2　卢风:《人类中心主义与非人类中心主义争论的实质》,载于万俊人主编《清华哲学年鉴2000》,河北大学出版社 2001 年版,第 110 - 111 页。

别并不是一种有道德干系的标准，可以将动物排除在道德共同体之外，正如种族差别不能用作奴役人类的理由，性别差异也不能用作把妇女变成其丈夫的财产的理由一样。"[1] 尽管弗兰西恩将平等对待动物的要求仍然诉诸动物权利，难免陷入动物权利理论的同样困难，但他认为不应将动物排除在道德共同体之外却是一种合理要求。对此，他还指出，"仅凭有知觉，即可确定道德共同体成员的资格。"[2] 当然，这种将是否拥有知觉作为是否具有道德共同体成员资格的划分标准显得粗犷，也经不起严格推敲，比如，蚊子之类的昆虫是否拥有知觉，是否应将其归为道德共同体之内。对何种动物能纳入道德共同体进行一种标准划分的做法也会陷入汤姆·雷根对"生命主体"论证的类似困境，因为没有任何一种特征能够把人与所有动物明确区分开。

　　"对人类而言，动物主体地位的扩张要求正是人类道德性的体现，尽管是一种权利话语的表达，但其主体仍然是人，只有人能够真正在逻辑上和现实中拥有主体意义上的道德权利。主张动物拥有道德权利的真正有效意义并非在于让动物成为作为道德主体的某种存在，而是要求人类应当以某种方式对待非人类动物。这些方式在权利话语体系中则被表达为道德义务或道德责任。"[3] 换言之，道德共同体并不必须强调动物拥有某种权利，但可以赋予动物一定的道德地位，这种道德地位能够让人类以一种看待人类的方式来看待动物的生活，并在人类中培养一种关爱动物的道德准则。按照这种道德准则，人类利益并不是唯一需要考虑或权衡的利益，包括动物在内的自然生命都是人类道德关怀的对象。正是在此意义上，"道德共同体并不是能够按照道德规范相互对待的一切个体和群体的总和，而是应该被道德地对待或应该得到道德关怀的个体和群体的总和，是应该被道德地对待或应该得到道德关怀的对象的总

1　[美] G. L. 弗兰西恩：《动物权利导论：孩子与狗之间》，第 18 页。
2　[美] G. L. 弗兰西恩：《动物权利导论：孩子与狗之间》，第 365 页。
3　张燕：《动物的道德能力与道德权利——从对达尔文生物进化论的曲解谈起》，《自然辩证法研究》2019 年第 1 期。

和。"[1] 但也应当看到，相较于想象的共同体，真实的共同体享有更优越的地位。人与动物道德共同体内部的人类共同体无疑具有更为优越的地位，这也是人类基本利益与动物基本利益发生冲突时，一般会以人类基本利益为优先选择的依据。

尽管在道德共同体中，"道德的终极的起源、目的和标准，则必定只能是为了增进人类的利益，"[2] 但是，道德的合理目标可以是为了增进人类和非人类动物的共同利益。因而，基于共同利益的道德共同体仍然是可以达成的。在扩展的道德共同体中，道德主体是具有道德目光和理性的人类，道德本身地植根于人类本性之中，人类便天然地对动物负有道德责任，而这种道德责任一般通过道德要求体现出来。

三、 道德要求的三种镜像

在日常生活中，人们通常按照道德要求去行动，但却很少去思考"道德要求到底是什么"、"道德要求是否有不同层次的区分"等等这类基本问题。一般而言，在社会生活中，存在着普遍而宽泛的、过度而超越的、严格而谨慎的这三种不同镜像的道德要求。理解这三种不同镜像的道德要求，有助于加深我们对环境伦理学将动物纳入道德共同体的理解，也有助于明晰人类在道德共同体中的真正责任。

（一） 普遍而宽泛的道德要求

道德责任是道德规则引导下的一种社会行为，也是道德共同体生活中的一种重要调节形式。道德要求的普遍性主要是针对道德规则与道德责任的履行而言的。道德规则的普遍性并不意味着我们需要用道德去评价每一个行为，其普遍性的意义在于用道德评价为社会提供一些基本的

1　王海明：《论道德共同体》，《中国人民大学学报》2006 年第 2 期。
2　王海明：《关于道德的起源和目的四种理论》，《吉首大学学报》（社会科学版）2009 年第 2 期。

价值导向，并在具体生活中通过各种伦理规范表达出来。道德规则通常并不专属于一个特定的社会，也不专属于一个社会中的某些局部对象，而是对世界上的所有人都适用。道德责任的履行不仅取决于道德主体的性质和能力，也取决于共同体的价值导向和共同体成员之间的关系。环境伦理学致力于构建人与动物的道德共同体，其普遍化的道德要求目的在于寻求一种道德共识，将关爱动物、尊重动物、保护动物的观念和行为内化为人类生活中的道德自觉，其本质上是一种对人类社会道德水平的价值引领。"当现代进入一个以平等为标志的社会，建设一个具有普遍涵盖性和平等适度性的社会伦理体系就变得势在必行了。"[1] 将动物纳入道德共同体的这种扩展，在一定程度上反映了现代社会对道德的要求，正在从一种面向精英的传统态度转向一种面向大众的普遍化立场。

然而，普遍而宽泛的道德要求在这一扩展中面临着两个突出问题。第一，如何使普遍化的道德要求所体现的内容得以在共同体内部有效传递？第二，如何保证这一层面的道德要求具有现实的约束功能？如果不考虑共同体中道德主体的限定，人与动物之间的道德共同体则无法回答上述问题。因为作为道德共同体内部成员的非人类动物显然不可能做出与人类主体间的正常回应，并且任何道德要求对动物也都不具有任何约束效力。因此，这里的普遍性要求只能是针对作为道德主体的人类提出的道德要求，而不是面向非人类动物的道德要求。同时，在人类内部，上述两个问题也是这一镜像的道德要求在实际操作中比较难以全面达成的现实问题。

（二）过度而超越的道德要求

"人类之有道德，是因为他们在实际的生活中产生了各种利益关系。当他们意识到道德有利于处理他们之间的相互性利益关系并能够带来互利的结果时，他们才会采取伦理的行为方式。换句话说，'互利'

1　何怀宏：《伦理学是什么?》，北京：北京大学出版社 2002 年版，第 84 页。

(mutual benefit) 是人类道德产生的基础和根源，这才是具有客观意义的伦理事实。"[1] 换言之，真正构成伦理客观性的是一种基于利益关系的事实，道德规范背后的道德要求总是与人类利益息息相关，人应该服从道德规范，但道德规范归根结底是为人类生活服务的。道德规范来自于人们对其自我利益深思熟虑的理性抉择，这决定了道德规范的内容一般不会与道德主体的利益相冲突，但这种不相冲突的情况并不是普遍性的。道德规范的约束力是否有效，会因为道德要求的不同镜像产生不同的情形。如果道德要求过于超越，超出人们现阶段的道德水平或是会明显伤害到人类利益，这种道德要求便会失去约束力。动物权利论倡导者汤姆·雷根要求停止一切对动物的利用、全面废除动物产业，便是一种典型的过度而超越的道德要求。

在理论上，强调动物权利、呼吁停止任何形式的动物利用行为，看似一种高尚的利他主义取向。利他主义固然是道德上推崇和赞扬的，但利他也有尺度问题。过度强调动物权利的利他主义，甚至不惜贬低人类的道德地位与尊严，则无疑是过度而超越的。类似于此的还有慷慨助人、关爱他人等道德律令，如果让所有人任何时刻都必须绝对遵守这样的道德律令，很快就会因与道德主体利益相悖而触及道德主体容忍度的边界。"懂得本身的利益，合理地爱护自己：这是社会道德的基础，这是人为同类所做一切的真正的动机。只有有益于联合成社会中的人的行为才是合乎道德的。"[2] 反之，无视人类正常利益，一味追求动物利益的"利他"行为有悖社会道德的基础，是不合乎道德的行为。如果道德要求始终停留在这一层面，将会增加人们的道德负担，引起道德与幸福生活之间的冲突，道德也将变得不可理解。

概言之，这一镜像的道德要求缺陷在于，超越性带来人类利益的被剥夺，利益的剥夺便会使人们放弃对道德的追求。但这一镜像的道德要

1　万俊人：《正义为何如此脆弱》，保定：河北大学出版社 2005 年版，第 31 页。

2　[法]霍尔巴赫：《自然政治论》，陈太先、眭茂译，北京：商务印书馆 1999 年版，第 9 页。

求并非就可以忽略不管，它的积极意义在于促进人们对自身行为的反思与批判，从而走向更为严格的道德要求。因此，这一镜像的道德要求可以是个人化的道德追求，但难以普遍化推广成为社会统一的道德规范或道德标准。就人与动物关系而言，主张动物权利的道德要求虽然是一种看似激进的理论表达，但这一主张有利于人们在实践活动中，不断反思自身的行为是否符合人与动物的共同利益，是否符合人类道德发展和进步的更高要求。

（三）严格而谨慎的道德要求

"所谓道德，就是人类社会中这么一种特殊的社会现象，它通过善恶规范、准则、义务、良心等形式，来反映和概括人类共同生活、共同发展、共同完善的客观的秩序需要，并用人类自我觉醒、自我约束的实践精神方式，来表现人类对现有或实有世界的价值评估，表现人类对未来或应有世界的价值追求，从而以人类自我需要的内驱力的方式，激励和推动人类上升到更高的文明境界。"[1] 从对道德的一般定义来看，道德要求还有着一种严格而谨慎（stringency）的镜像。它不同于普遍而宽泛的镜像对所有共同体成员都作出广泛的道德要求，也不同于过度而超越的镜像对共同体某些成员作出高出实现可能的道德要求。这一镜像的道德要求并不指向共同体中的所有成员，而只针对共同体中具有道德理性的成员，其对共同体成员提出的要求通常基于社会现实、面向未来发展，既有实现的可能性，又比社会中的现行状况具有较高层次的道德要求，目的在于促使共同体朝向共同善的方向运行。

这一镜像的道德要求所要面临的最大问题在于如何确立要求的高度和边界，即什么样的要求才是严格而谨慎的，是否有明确的界限可以将这些要求限定在合理范围内？在这一镜像的视角下，向共同体成员提出某种道德要求时通常应当具体考量以下因素：此种道德要求基于何种社

1　夏伟东：《道德本质论》，北京：中国人民大学出版社 1991 年版，第 275 页。

会基础而提出，其诉求与目标是什么，共同体成员对此要求的回应能力如何，此种要求提出的外部环境如何，是否存在一些既定的防御性道德规范，以及是否具备各种维度（dimension）的合理评估方式或手段。对这些因素深思熟虑的考量，使对共同体成员的道德要求经得起严格的理性论证，从而避免陷入普遍泛化的虚空性与过度不切实际的幻想。尽管在扩展的人与动物道德共同体中，对共同体成员的各种道德要求都要面临对主体界定的质疑，但如果在确认人类作为道德主体的前提之下，一种严格而谨慎镜像的道德要求是可以被理解和接受的。

诚然，关于道德要求不同镜像的上述几种分类只是出于理论阐述的需要，在现实实践中通常是不同类型的混合，并且任何术语与分类都难以全面、完整地体现道德生活中的复杂性，但区分道德要求的不同镜像有助于我们更加充分地理解道德共同体中的人类道德责任。

四、 道德共同体中的人类责任及其培育

滕尼斯认为"共同体"与"社会"是人类群体生活中的两种结合类型。共同体蕴藏着共同体成员彼此之间的道德性，体现了人与自然、人与人的联结与融合。社会则与之相对，在现代社会生活中常常只有人类的联结，社会本质上是一个属人的社会。"社会感的意义就是促使人们和自己的同类共同生活的志趣。"[1] 而且，"社会只有一个目的，就是让人们能够比较充分地利用大自然的恩惠并增进自己的体力和智力。"[2] 社会是一个属人的社会，动物植物这些非人类存在物并不是人类社会制度重点关注的对象。换言之，共同体生活蕴含着温暖、陪伴，本身是善的；而社会生活则是中性的、机械的、非道德的。在强调个人权利、个人利益、视自利为核心的"社会"文化中，个体与个体之间难以建立非

1　［法］霍尔巴赫：《自然政治论》，第 3 页。
2　［法］霍尔巴赫：《自然政治论》，第 7 页。

契约式的伦理关系，个人难言对社会、对人类乃至对自然有任何不可推卸的道德责任，而"共同体"却有利于培养人的利他情感和道德能力，有利于塑造人对他人、对社会、对自然的道德责任意识，建立非契约式的伦理关系。如果说"'社会'，是人类继续生存的最佳保证"，[1] 那么，"共同体"则是人类追求美好生活的一种实现形式。

在环境伦理学所致力于扩展的人与动物"道德共同体"中，人类应当担负何种道德责任是该共同体运行中至关重要的实践问题。在既往的理论体系中，以人类利益为中心的有限道德责任，与以动物权利为中心的无限道德责任都无助于共同体的实现与完整，也无法真正解决人类生态问题。要从根本上解决人类生态问题，必须改变人们的思维方式，培育一种以人与动物、人与自然的共同利益为目标的责任理念，既有珍爱生命的价值追求，也有现实的可操作性，这便是基于严格镜像道德要求下的人类道德责任。

基于严格镜像的道德要求是要以一种清楚、理性的要求来规定和引导人类对待动物的行为，并确立一种要求较高却并不逾越的人类道德责任。人类有能力成为道德主体，也有责任成为这个道德共同体中承担最高责任的道德主体。责任是内化了的道德义务，基于严格镜像的道德要求，人类对待动物的责任不仅表现在对待动物的直接行为上，还表现在对人与动物共同赖以生存的自然环境的责任上。突出这一镜像的道德要求，目的在于强调一种对追求德性的道德情感的培养，将人类对动物、对自然的道德责任内化为人类的共同信仰，从而将保护动物、尊重自然的美德培育成人类普遍的道德品质。尽管与人类其他感情一样，道德情感也是一种内心体验，但这种体验并不是先天就有或能够自然生成的，而是生成于人的社会性交往，在道德要求、道德示范和道德体验的感召下萌发、形成并强化。"全部道德文化的主要目的是塑造和培养理性意

1　[奥] 阿德勒：《阿德勒人格哲学》，罗玉林等译，北京：九州出版社 2004 年版，第 213 页。

志使之成为全部行动的调节原则。"[1] 培育这种道德责任需要一个能够将人性与德性融合的空间，道德共同体正是这样的空间。在共同体中，人们之间通过相互交往，产生一些互相认可的价值观念，进而形成可共享的共同感，从而获得一种自我扩展的共同体生活。一个真正有意义的道德共同体由共同的道德感把人们联系起来，使人们意识到他们在人与动物关系领域具有的统一性，并把自己看作这个共同体的成员。只有在道德共同体中，道德责任才会被真正地视为责任，而不是负担。在理论上，采取一种对共同体传统的回归态度，是培育道德情感和提高道德素养的一种选择。在实践上，只有在道德共同体中，道德才不会成为人类事后的伪装。概言之，在一种严格的道德要求镜像下，道德共同体真正关切的是无法用人类语言来表达权利、欲望、偏好的动物的处境，要求的是人类作为当前唯一具有道德理性的动物，作为道德主体应当承担起保护动物、维护地球生物多样性与生态平衡的最高责任。

总而言之，道德共同体的重要性不仅在于提供一个培育道德责任感的良好空间，更在于提供一个关于思考和处理人与自然、人与动物关系的尺度。作为道德主体的人类向道德客体投射主体之光的同时也要受制于道德客体，主客体之间的关系是互相造就与制约的，而不是由道德主体任性与随意处置的。同时，道德主体的主体性也决定了其应当承担相应的道德责任。行之有效的道德责任之要求是严格而谨慎的，过于宽泛或者过于超越的道德要求都将使道德责任消解或流失。在与各种生命形态一起生活的世界中，作为道德主体的人类可以实现自身到何种程度，取决于人类自身对善的理解和追求，而对其他生命的尊重和爱护便是人之为人的一种善的责任与使命。在当前生态环境中，人类还热衷于寻求各种对生态环境责任的免除方式。如果人类将对责任免除的渴望转换成对善的追求，人与各种生命形态的生活图景将会是另一种景象。道德共

1　[德] 弗里德里希·包尔生：《伦理学体系》，何怀宏、廖申白译，北京：中国社会科学出版社 1988 年版，第 412 页。

同体表达了人们的道德理想，这种理想为人们努力建立一个美好的社会指明了方向，以此作为探索可欲可行的环境理想之界限。因此，在任何一个还为道德理想留有空间的社会，道德共同体的扩展都是值得尝试的。但同时也应当注意，任何共同体都不能将自己强加于人，"道德责任所要求的那种自主性根本上在于两个要素：其一，不受外在强制的自由；其二，按照自己正确地获得的理由和信念来评价自己欲望和调节自己行动。"[1] 人们在现阶段还无法普遍接受"道德共同体"这一概念，也不可能都自觉将自己纳入到道德共同体中去生活。但随着生活环境的变化、生态危机的加剧，人们会越来越意识到道德共同体的重要性，也会越来越意识到共同体生活的真正意义，并按照共同的道德感去生活，去追求共同善的价值和理想。

在现实生活中，要实现道德共同体的作用还需要通过教育、规训、引导等方式去培育共同体成员中人类的道德感。道德共同体中的人类成员意味着对人与自然、人与动物关系有着一种基本的共识，即爱护自然、保护动物是人类的道德责任。对道德共同体中人类责任的培育，既包括对道德责任感的培育，也包括对将此种道德责任感付诸实践的行为能力的培育。从对道德责任感的培育来看，以怜悯心为基础的同情感的培养是最为基础的。"怜悯心是一种自然的感情，它能够缓和每一个人只知道顾自己的自爱心。"[2] 怜悯心是道德情感的本源，培养人的怜悯心，养成以同情为基点的道德人格尤为重要。并且从培养的过程来看，怜悯心的培养并不十分困难，它不需要人们牺牲自己的正常利益去担负起某种带有牺牲意味的道德责任，人们要做的只是自然而然地延续和扩展自身固有的善，因而从实现结果来看也是能够取得实际效果的。从将道德感付诸实践能力的培育而言，一方面需要培育人们感知世界、感知自然以及与人类社会中抱持不同观念的人们沟通相处的能力，能够将怜

1　徐向东：《来源的不相容论与道德责任》，《世界哲学》2018 年第 5 期。

2　［法］卢梭：《论人与人之间不平等的起因和基础》，李平沤译，北京：商务印书馆 2007 年版，第 75 页。

悯心和同情感转化为公正待人接物的处事能力；另一方面还需要培育人们丰富的伦理想象力和实践力。人类的生存境况会随着历史发展而出现新的形势和问题，这些新的问题会挑战既有的、传统的道德信念，促使我们继续思考和探索人类生活的其他状态和其他可能性。培养丰富的伦理想象力有助于人们在道德领域探索不同的可能性，拓宽人类道德关怀的范围和边界。正如卢梭所言，"尽管怜悯之情生而有之，但如果没有想象的激发，这种'怜悯之情'将注定永远长眠。"[1] 正是这种想象力的激发作用可以将人类的同情感超越人类传统的道德关怀对象范畴而延伸至非人类动物，从而将保护动物内化为人类道德责任，进而转化为道德实践。在此意义上，认真思考人与动物的关系问题，努力拓宽我们伦理想象力，提升政治与文明的高度，让我们的世界更加美好，也是伦理学的发展使命和内在要求。

1　[法] 卢梭：《论语言的起源兼论旋律与音乐的模仿》，吴克峰、胡涛译，北京：北京出版社2009 年版，第 44 页。

第五章　动物医疗应用的伦理共识与理论基础

基于人类中心主义和非人类中心主义的不同立场和思维范式，在不得不利用动物的医疗应用领域，一方是致力于人类健康的医学科学事业，一方是主张动物拥有权利、要求清空牢笼的激进伦理思想，人们容易陷入难以抉择的两难境地。面对如此两难的伦理困境，选择道德多元的立场似乎成了最简单的方法。人们可以自由选择对待动物的方式，但是无权仅仅因为觉得他人对待动物的方式在道德上令人反感就阻止他人这样做。然而这种方式对于改变现状没有任何实质意义上的帮助，我们仍然应该积极寻求人类中心主义与非人类中心主义在动物利用方面的观点共识，寻求人和动物内在价值与工具价值的平衡，在人类义务与动物权利方面做双重考量，避免陷入单一策略的偏颇，在对动物"没有伤害"的理想与"必要利用"的现实之间架构起思想与制度的桥梁，而整体生态观恰好能够以全面、均衡、和谐的视角提供理论上的支撑。

第一节　整体生态观的主要理论形态

就人与动物关系而言，与之比较密切的几种整体生态观的理论形态有中国传统文化中的整体生态观、罗尔斯顿的生态中心论和马克思主义整体生态观。这几种整体生态观不仅对当代动物保护与动物利用实践具有重要的理论指导意义，也对人与动物道德共同体的建构具有重要的资源借鉴意义。

一、 中国传统文化中的整体生态观

以儒家思想为代表的中国传统文化在考察人与动物的关系时，从一开始就走了一条与西方完全不同的理论进路。概括而言，儒家伦理秉持的是一种以宇宙为中心的整体生态观，以"天人合一"的认识论、"杀伐以时"的方法论、"乐山乐水"的价值观作为处理人与动物关系的基本思路。

"天人合一"（《春秋繁露·深察名号》）是儒家生态伦理思想的基本精神，也是其价值诉求的理论前提，主要有两层基本意思，一是人与自然共存于宇宙大天地中；二是人与自然息息相通，互为一体，人应顺应自然以达致天人和谐。在儒家视野里，人与自然的关系不是西方传统哲学里目的与手段的逻辑关系，不是人与自然二元对立下的征服与被征服状态，它把宇宙看成是一个整体，人和天都置于其中，并且不可分割。基于这种整体性和不可分割的关联性，儒家将人与自然作为生态共同体天然地联系在一起，人类允许自身建立起对自然的认识与掌握，但这种认识与掌握并不是无限制和绝对权威的，而是被宇宙规律所制约和引导的。由此，儒家"天人合一"的宇宙观事实上是在一种包容性的互动关系基础之上，强调人与自然的统一，追求人与自然和谐共处。就人与动物而言，人和动物俱为宇宙之构成，同在宇宙中繁衍生息，世界万物生生不息，这便是自然界最高的德行。这样，儒家伦理视野中的人与动物关系便被置于人和天的整体序列之中，这种整体观把人和动物紧密联系起来，在统一的宇宙观下，以"仁爱"原则体现人对动物的道德要求。但相比倡导"众生平等"的佛教与道教，儒家主张的"仁爱"是一种有差序之别的爱。"爱有差等"要求对于不同的对象应施以不同的爱，"君子之于物也，爱之而弗仁；于民也，仁之而弗亲。亲亲而仁民，仁民而爱物（《孟子·尽心上》）。在这里，"亲亲"、"仁民"、"爱物"三种态度都是爱的表现，具体而言，一个人应该亲爱父母，仁爱人民，爱惜动物，但三者属于不同层次的爱。荀子认为人"有气、有生、有知，亦且有义，故最为天下贵"；而动物"有父子，而无父子之亲，有牝牡而无男女之别"（《荀子·非相篇第五》），由此把动物与人的道德地位区别开来。可见在儒家视野里，人类对动物的利用是被允许的，但人类对动物也应当尽到仁爱之义。

在处理人与自然关系的方法论层面，儒家以荀子"制天命而用之"（《荀子·天论篇第十七》）的观点为主要代表。"制天命而用之"也有两层意思，一为"时弛"，即人类可以根据自然时节利用自然，如，"树木以时伐焉，禽兽以时杀焉。"（《礼记·祭义》）二为"时禁"，即人对自然行为的规范性要求，反对人类对自然的随意、过度利用。如，"草木荣华滋硕之时，则斧斤不入山林，不夭其生，不绝其长也。鼋鼍鱼鳖鳅鳣孕别之时，罔罟毒药不入泽，不夭其生，不绝其长也。"（《荀子·王制篇第九》）此外，儒家还对人类利用动物行为提出了明确的道德规则和约束，如，"子钓而不纲，弋不射宿"（《论语·述而》），其中心意思是不能无理由地猎杀动物，也不能以偷偷摸摸的方式去猎取动物，并且不该浪费猎取来的动物，不应当猎取怀孕、或有幼崽要抚养的动物。对不遵从规则和约束的行为，儒家还给出了明确的价值判断，如，"伐一木，杀一兽，不以其时，非孝也。"（《大戴礼记·曾子大孝》）在儒家文化中，孝道占有非常重要的地位，以"孝"与"不孝"作为标准去评价对动物的利用行为，显示出儒家非常重视人类对待动物的方式。

儒家在人与自然关系的价值取向论述方面，具有代表意义的是孔子"乐山乐水"的美学境界和道德追求。子曰"知者乐水，仁者乐山。知者动，仁者静。知者乐，仁者寿。"（《论语·雍也第六》）这句话的核心意思在于智者和仁者都喜欢山水，喜爱自然。这种"乐山乐水"的价值取向不仅是对人们自然生态观在日常心理层面的描述，也是内省于儒家生活中的一种美学境界。就人与动物关系而言，动物是与山水共同存在于宇宙中的自然之物，对于动物的喜爱与欣赏也是内涵在儒家的这一价值取向中的。并且，深而论之，无论是"知者"对于水的喜爱和欢乐之情，还是"仁者"对于山的喜爱和欢乐之情，都不是出于山、水能给人提供相关生活资料的利用价值之乐，而是出于一种内在的"天人合一"的宇宙观照会之下人与自然和谐共处的价值之乐。换言之，"乐山乐水"的美学境界更侧重于人的内省与体悟，其对自然的保护和关爱是出于内心的道义要求而非利益要求，这种以道义为中心的价值取向保留了人与自然和睦相处的淳朴思想样本，内蕴着深刻的生态智慧。

由是观之，儒家伦理以"天人合一"的认识论引领人们回归自然，热爱自然，爱护动物，从而避免陷入人类中心主义的泥沼；以"制天命而用之"的方法论规范人们利用自然、利用动物的行为方式，避免对动物、对自然的无度占有和盲目利用；以"乐山乐水"的审美境界引导人们建构和谐的人与动物、人与自然关系。不难看出，在人与动物关系方面，儒家伦理的基本观点是一种弱式人类中心主义立场的。一方面，它在道德上允许为了人类的目的而牺牲动物的生命或利益；另一方面，它也强调爱物是人类重要的德性之一，人类应当爱护动物，不能随意虐待动物，也不能无故处死动物。"正德、利用、厚生、惟和"（《尚书·大禹谟》），是儒家伦理在对待动物态度上的经典诠释。

与儒家思想明确的弱式人类中心主义立场相比较，前文述及的佛教与道家思想中的生物平等主义理念虽以平等为口号，但就其实质也仍然没有脱离人类中心主义立场。表面上看，尽管佛教"慈悲为怀"和"众生平等"的教义充满温情和善意，但在其转世轮回的核心理论中仍然表现出动物的身份事实上要低于人的身份，而不是真正的"众生平等"。在转世轮回的方案中，人可以转世为动物，动物亦可转世为人，似乎体现了"众生平等"，但就其转化的具体途径来看，有两点值得注意：一是在六道里动物如有善报才可能转世到人道，而人有恶报才会转世到畜生道，可见人道比畜生道仍然要高；二是在畜生道也存在差别，有些动物比其他动物道德地位要高，这反映在恶报小的人可能转世为高级而尊贵的动物，如狮子、老虎；恶报较大的人可能转世为低级而邪恶的动物。[1] 因而，在教义控制手段上，佛教仍然带有一定的人类中心主义色彩。再进一步从目的论的角度看，佛教与道家的生物平等主义思想在本质上也无法摆脱人类中心主义立场的囿限。神秘的"爱无差等"与其说是自然给予的征服灵魂的神圣力量，毋宁说是一种通往彼岸世界的必须途径。"爱无差等"或者所谓"利它"，关键在于自己的救赎是生物平等理念的确证，而不是基于对动物境遇给自己带来的不安。简言之，基于自身解脱的利己主义思想的非暴力倾向，其终极目的只是为了个人的"救赎"，尊道贵生亦只是为了个人的"得道成仙"。因此，在这两个层面上，佛教和道家思想的内在立场仍是人类中心主义的，与西方传统哲学明显的人类中心主义倾向相比，区别在于这种人类中心主义隐而不显，而且更具神秘性。

　　总的来说，中国古代传统文化中人与自然和谐共生的整体生态观尽管在理论形态上表现得比较朴素，由于历史和地域等原因没能成为世界范围内动物保护运动思想的源端，但不可否认的是，早在西方之前，中国传统文化中就有了动物伦理思想的萌芽，这对于考察生态伦理思想发展进程具有非常重要的历史意义。经历过千百年悠久的历史洗礼与渗透，动物伦理思想早已根深蒂固地融入现代社会生活的方方面面，对我国的动物保护和利用事业具有重要的理论指导意义，也对当代世界动物保护运动和各个领域的动物利用都有着重要的参考价值。

二、　西方整体自然观与生态中心论

　　在西方思想史上，整体生态观念并不占据主流地位，但在很多思想家的作品中也有相关表达。18世纪的法国哲学家霍尔巴赫在其《自然的体系》中指出，"由自然形成并且被自然限定的东西，一点也不生存

1　陈怀宇：《动物与中古政治宗教秩序》，上海：上海古籍出版社 2012 年版，第 9 页。

于大的整体之前，它是这个大整体的一部分，并且受整体的影响；人们设想的那些超乎自然或与自然有别的东西，往往是些虚幻的事物，我们永远不可能对这些虚幻的事物形成真实观念，也不可能对它们占有的地方和它们的行动方式形成真实观念。在包容一切的这个圈子之前，什么也不存在，什么也不能有。"[1] 尽管在 18 世纪，生态概念还没有出现，但霍尔巴赫以自然为整体的整体观念已经相当明晰。在他看来，"人是自然的产物，存在于自然之中，服从自然的法则，不能超越自然，就是在思维中也不能走出自然；人的精神想冲到有形的世界范围之前乃是徒然的空想，它是永远被迫要回到这个世界里来的。"[2] 霍尔巴赫的这种整体自然观尽管朴素，但在习惯于二元对立思维的西方思想史上也有着重要的影响和理论价值。在他的整体自然观中，各种存在物的特殊本性不是它们的自然特征，也不是它们之间存在的自然差异，而是"依赖于那个大整体的总体系，是依赖于它们只是作为部分的那个普遍的自然的体系的，凡是存在的事物必然与普遍的自然的体系联系着。"[3] 霍尔巴赫的整体自然观不仅为西方人认识自然、理解自然提供了一种新的整体观视角，还为冲破长期以来禁锢着欧洲思想的神学观念和唯心主义藩篱提供了重要的理论武器。

在当代西方，以霍尔姆斯·罗尔斯顿（Holmes Rolston）为代表的生态中心论者强调对生命联合体乃至自然整体的价值关注，并且反对把对生态的关注仅仅归结到人类利益。罗尔斯顿认为，对生态的关注仅仅归结到人类利益是难以彻底地真正阐明环境思想的道德倾向的，他将道德哲学和自然哲学紧密结合，突破传统的事实与价值分离的观念，以自然价值论为核心构建了生态整体主义的生态伦理学。在罗尔斯顿那里，传统的伦理学的范围仍然是：（从乐观的一面说）最大地扩展人类的价值或（从悲观的一面说）尽量保证人类的生存，一切的善都仍是对人类

1　[法] 霍尔巴赫：《自然的体系》上卷，管士滨译，北京：商务印书馆 1999 年版，第 3 页。

2　[法] 霍尔巴赫：《自然的体系》上卷，第 3 页。

3　[法] 霍尔巴赫：《自然的体系》上卷，第 10 页。

而言的善，自然只是附属的。这里不存在承认自然的"对"的问题，而只是我们对自然给定的限定条件加以接受。这样的伦理学只是在派生意义上是生态学的，而在根本意义上仍然是人类学的。[1] 通过对自然价值的分析，罗尔斯顿指出自然价值可以有多种形式（如经济价值、生命支撑价值、消遣价值、科学价值、审美价值、生命价值等）和不同程度（多样性与统一性价值、稳定性与自发性价值、辩证的价值、宗教象征价值等）的价值。他的自然价值思想的实质是要将内在价值的对象由人扩展至自然，从而为人类保护自然寻找合法性依据，从而试图建立这样一种新的伦理：它是把人类与其他物种看作命运交织到一起的同伴。[2]

罗尔斯顿坚定地持"自然价值论"的立场，希望人类能给包括动物在内的自然以伦理关怀。同时，他也强调生态伦理学中实践层面的架构，这使他的生态伦理学具有理论性和实践性兼顾的优点。他认为：出于必要的实用性考虑，对生态道德之探索的大部分可能都将是派生意义上的、保守的，因为这样的思路是我们较为熟悉的。这样做我们可以把伦理学、科学和人类利益混在一起而置于我们逻辑的控制之下。但生态伦理学的前沿是超越了派生意义上的生态伦理的，是一种根本意义上的再评价。然而无论我们的生态伦理是在派生意义还是根本意义上的，其用于实际中的效果都是相同的。人们走向派生意义上的生态伦理还可能是迫于对他们周围这个世界的恐惧，他们走向根本意义上生态伦理只能是出于对自然的爱。[3]

总体而言，罗尔斯顿倡导的是一种根本意义或积极意义上追求自然与生态平衡的作为"伦理学之创造性的反映"，一种他想要的将人类与其他物种交织到一起的、将人类中心主义和非人类中心主义中合理部分整合到一起的新的伦理学——生态伦理学。然而，仔细考量其自然价值

1　[美] 霍尔姆斯·罗尔斯顿：《哲学走向荒野》，刘耳、叶平译，长春：吉林人民出版社 2000 年版，第 15 页。

2　[美] 霍尔姆斯·罗尔斯顿：《哲学走向荒野》，第 1 页。

3　[美] 霍尔姆斯·罗尔斯顿：《哲学走向荒野》，第 35 页。

论，不难发现，对自然整体内在价值的过度强调，突出强调了人对其他非人类存在物具有的道德义务和责任，却忽视了人的道德权利如何在人与自然关系中实现这一根本性问题。同时，罗尔斯顿强调遵循自然规律和保护自然整体的稳定和美丽，在他的中心思想里，只要是违背自然的行为，人类都应该拒绝。显然，这在一定程度上削弱了对人的关注，尤其是对人除了自然性之外还具有的独特的社会性关注远远不够。因此，罗尔斯顿的生态伦理思想难免使人产生一种看法：建立在形而上学基础之上的为自然而自然，这对现实生活的指导意义也因此有了形而上学的局限性。

三、 马克思主义整体生态观

人类中心主义与非人类中心主义之争，究其实质是生态伦理学理论立场与价值取向的交锋，其实早在马克思与恩格斯那里，就有解决这一争端的理论思想和价值判断。虽然马克思和恩格斯都并没有以完备的理论形态加以专门论述，但马克思和恩格斯的环境伦理思想，尤其是他们对生态环境的整体观念在《1844 年经济学哲学手稿》、《德意志意识形态》、《英国工人阶级状况》等重要著作中得以体现。需要注意的是，在马克思和恩格斯生活的时代，工业革命才刚刚开始，生态环境问题并不凸显，所以他们不可能对当代社会日益凸显的生态危机进行系统的理论批判，但通过对马克思恩格斯著作和文献的梳理可以发现，他们对人与自然关系的阐释以及其对资本主义社会的生态批判无不蕴含着对生态环境的伦理关怀和整体生态观的伦理思想。不完备的理论体系并不掩盖其在思想上的深邃和洞见，本书将马克思和恩格斯在生态环境方面的理论批判和论证统称为马克思主义整体生态观，并试图在人与动物关系层面做尽量详细的分析。

对人与自然关系的思考是贯穿整个马克思主义理论形成过程的重要线索之一。马克思指出，"全部人类历史的第一个前提无疑是有生命的个人的存在。因此，第一个需要确认的事实就是这些个人的肉体组织以及由此产生的个人对其他自然的关系。"[1] 可见，对人与自然关系的思考在马克思的思想里占有举足轻重的作用，他将两者关系的确立放在考察人类历史的首要位置，并进一步指出："任何历史记载都应当从这些自然基础以及它们在历史进程中由于人们的活动而发生的变更出发。"[2]

　　基于对人与自然关系的思考，马克思从历史观的角度指明了自然对于人类而言具有先在性，在人类认识和改造自然之前，自然就已经客观地存在了，人是自然界发展到一定阶段的产物。"自然界起初是作为一种完全异己的、有无限威力的和不可制服的力量与人们对立的，人们同自然界的关系完全像动物同自然界的关系一样，人们就像牲畜一样慑服于自然界。"[3] "无论是在人那里还是在动物那里，类生活从肉体方面来说就在于人（和动物一样）靠无机界生活，而人和动物相比越有普遍性，人赖以生活的无机界的范围就越广阔。……人靠自然界生活。这就是说，自然界是人为了不致死亡而必须与之处于持续不断的交互作用过程的、人的身体。所谓人的肉体生活和精神生活同自然界相联系，不外是说自然界同自身相联系，因为人是自然界的一部分。"[4] 可以看出，马克思既不认为人类是自然界的主人，也不认为人的价值在征服自然中体现，他更多强调的是人与自然的辩证关系。人来源于自然界，生活于自然界，作用于自然界，人与自然本身是一体的。人类在进行全部实践活动时应遵从自然规律，保护和优化自然环境，促进人与自然的和谐发展。在马克思主义整体生态观中，人与自然关系是一种对象性的整体关系，而不是对立的割裂关系，并且通过人的实践活动将人、社会、自然三者统一起来。

　　在马克思主义整体生态观里，人类社会与自然的形成与发展过程，

1　《马克思恩格斯文集》第 1 卷，第 519 页。

2　《马克思恩格斯文集》第 1 卷，第 519 页。

3　《马克思恩格斯文集》第 1 卷，第 534 页。

4　《马克思恩格斯文集》第 1 卷，第 161 页。

说到底是人的自然化过程和自然的人化过程。人类的任何实践活动都离不开人的尺度，在实践中以人的尺度来改造自然是自然的人化过程；但并不是人的所有尺度都符合自然规律，因此还必须以物的尺度来规范人类实践活动，即人的自然化过程。具体到人与动物关系方面，也同样适用这种沟通与转化。马克思指出，"在实践上，人的普遍性正是表现为这样的普遍性，它把整个自然界——首先作为人的直接的生活资料，其次作为人的生命活动的对象（材料）和工具——变成人的无机的身体。"[1] 人将整个自然界变成人的无机身体的过程即是自然的人化过程，具体是指人类在改造自然的对象性活动中，使自然发生符合目的性的改变，把自在的自然改造成人化的自然。自然的人化为人类的生存和发展提供了物质基础，同时自然的人化也体现了人的目的性和人的尺度。不同于动物适应环境的活动，人类进行物质实践活动是有目的和有需要的。

"通过实践创造对象世界，改造无机界，人证明自己是有意识的类存在物，就是说是这样一种存在物，它把类看做自己的本质，或者说把自身看做类存在物。"[2] "正是在改造对象世界的过程中，人才真正地证明自己是类存在物。这种生产是人的能动的类生活。通过这种生产，自然界才表现为他的作品和他的现实。"[3] 可见在改造对象世界过程中，人类具有重要的主体地位，并具有能动性，人不仅改造自然存在，使自然成为人类生存和发展的物质基础，同时也通过实践使人自身进入到自然存在当中，赋予自然存在以新的尺度和内容。

如果说自然的人化是以人的尺度来改造自然的话，那么人的自然化则是以物的尺度来规范人的活动。具体而言，人的自然化过程是人在认识和改造自然时，通过认识、掌握自然规律，改变人自身的自然，而使人的实践活动符合自然规律的过程。虽然马克思强调在人与自然的对象

1　《马克思恩格斯文集》第 1 卷，第 161 页。

2　《马克思恩格斯文集》第 1 卷，第 162 页。

3　《马克思恩格斯文集》第 1 卷，第 163 页。

性关系中，人具有主观能动性，以人的尺度认识和改造自然，但这并不意味着人类可以随意、任性地改造自然。人的自然属性决定了人还必须遵循自然规律，以非人类存在物的尺度来规范人类实践活动。在马克思主义的整体生态观里，人在实践中以人的尺度认识和改造着自然，同时也改变着人类自身；在实践活动中不以人的目的性尺度凌驾于其他非人类存在物之上，以物的尺度规范人类活动，尊重并保护自然生态环境，在人与自然之间构建和谐共存的生态关系。因此在马克思主义整体生态观的立场下考察人与动物之间的关系，可以明确人能够以人的尺度对动物加以认识和利用，同时也必须以动物生存和发展的尺度来规范人类活动。

马克思还指出："生命的生产，无论是通过劳动而生产自己的生命，还是通过生育而生产他人的生命，就立即表现为双重关系：一方面是自然关系，另一方面是社会关系。"[1] 一方面，马克思强调人是自然的人，人首先是作为自然界一个子系统而存在的人类及社会，其次才是人的外部自然，作为人类社会生存发展所需的生态客体的存在。要做到既保证人类的生存和发展，又要维护和健全自然生态系统，人与自然就要相互制约、相互进行适应性的选择，从而形成一种相互依赖的合作关系，实现人与自然的协同进化。另一方面，马克思还注重人的社会性。他认为："活动和享受，无论就其内容或就其存在方式来说，都是社会的活动和社会的享受。自然界的人的本质只有对社会的人来说才是存在的；因为只有在社会中，自然界对人来说才是人与人联系的纽带，才是他为别人的存在和别人为他的存在，只有在社会中，自然界才是人自己的合乎人性的存在的基础，才是人的现实的生活要素。只有在社会中，人的自然的存在对他来说才是人的合乎人性的存在，并且自然界对他来说才成为人。因此，社会是人同自然界的完成了的本质的统一，是自然界的

1　《马克思恩格斯文集》第 1 卷，第 532 页。

真实复活，是人的实现了的自然主义和自然界的实现了的人道主义。"[1]
这段话的中心意思是人们在生产实践、改造自然的同时形成并创造着自
己的社会关系，只有在人与人之间的社会关系基础上才可能有人与自然
的现实关系。人在社会实践中改造自然存在，并且通过社会实践使人自
身也进入到自然存在当中，从而赋予自然存在以新的图景和新的尺度。

　　相较而言，与强调"顺应自然"的中国传统文化中的整体生态观、
霍尔巴赫朴素的整体自然观、以及倡导"走向荒野"的罗尔斯顿的生态
中心论相比，马克思主义整体生态观把人类社会放在自然系统中去考
察，人类社会源于自然界，并且改造自然界，既把人在自然中的主观能
动性充分体现出来，也充分考察到人对自然的依赖性。在马克思主义整
体生态观的理论框架下，人类既能遵循自然规律获得生存，又能利用自
然规律创造更好的生活和新的自然图景，从而使保护生态环境、保护动
物能落到实处，成为人类社会一项实实在在的事业，而不是一句空喊的
口号。

第二节　以马克思主义整体生态观构建
动物医疗应用的伦理基础

　　长期以来，学界对动物医疗应用领域存在的哲学伦理学问题研究远
远滞后于应用研究，当诸如"活熊取胆"之类的公共伦理事件出现时，
动物医疗应用行为便会陷入进退两难的局面。因此，寻求适当的伦理理
论辩护成为当前动物医疗应用领域一项现实而迫切的任务。经过对相关
理论的仔细梳理和考察发现，人类中心主义或非人类中心主义的立场由
于各自的理论缺陷而难以为动物医疗应用提供有效的伦理支撑，而建立
在唯物辩证法基础之上的马克思主义整体生态观对动物医疗应用的伦理

1　《马克思恩格斯文集》第 1 卷，第 187 页。

问题具有重要的理论指导意义，特别是在我国中医药产业历史悠久与现代发展的特殊国情下，马克思主义整体生态观显示出其独特的理论魅力与时代价值。

一、 人与动物的辩证关系

马克思主义整体生态观从人与自然的统一性方面揭示了人与动物在本质上是一种和谐共生的关系，即人与动物也是相互依赖的辩证关系。马克思指出，"从理论领域来说，植物、动物、石头、空气、光等等，一方面作为自然科学的对象，一方面作为艺术的对象，都是人的意识的一部分，是人的精神的无机界，是人必须事先进行加工以便享用和消化的精神食粮；同样，从实践领域来说，这些东西也是人的生活和人的活动的一部分。人在肉体上只有靠这些自然产品才能生活，不管这些产品是以食物、燃料、衣着的形式还是以住房等等的形式表现出来。"[1] 这段论述表明了两层意思，一方面，动物作为生活产品和资料是人类生活的一部分，人在肉体上依赖动物产品进行正常生活；另一方面，人对动物的依赖性也从另一个角度说明人不能为了自己的任何目的肆意、无辜地伤害动物，应该尊重动物、保护动物。马克思还指出，"像野蛮人为了满足自己的需要，为了维持和再生产自己的生命，必须与自然搏斗一样，文明人也必须这做；而且在一切社会形式中，在一切可能的生产方式中，他都必须这样做。这个自然必然性的王国会随着人的发展而扩大，因为需要会扩大；但是，满足这种需要的生产力同时也会扩大。这个领域内的自由只能是：社会化的人，联合起来的生产者，将合理地调节他们和自然之间的物质变换，把它置于他们的共同控制之下，而不让它作为一种盲目的力量来统治自己；靠消耗最小的力量，在最无愧于和

---

1 《马克思恩格斯文集》第1卷，第161页。

最适合于他们的人类本性的条件下来进行这种物质变换。"[1] 可以看出，在人与自然之间的物质变换中，马克思强调"合理调节"和"共同控制"，这是唯物辩证法在实践范畴的具体运用。

在医疗应用领域，人与动物之间的辩证关系更为典型。一方面，人来源于动物，本身也是动物的一种，人类为了维持和再生产自己的生命，必须利用自然产品和生活资料，在一切社会形态和在一切可能的生产方式中，人类都必须这样做。因而，将动物应用于医学领域的科研和生产符合人类社会和自然发展的规律与要求。另一方面，人类医疗活动也受动物生存与生活情况的制约，影响人类健康和医疗事业的发展。这就要求人们认识到人类生存与发展都仰赖于动物的生存与发展，从而树立尊重动物、爱护动物的态度和信念，只有保护好动物资源，人类健康和医疗事业才能长久发展下去。

现代哲学在理论上尽力消弭人与动物之间对立性的差异，以施韦泽为代表的生物中心论和以罗尔斯顿为代表的生态中心主义一方面力图将人和动物构建成伴侣关系以拆毁它们封闭性的主体性界限，一方面将人与动物组成一个不可分割的整体装置从而摧毁了它们的功能性分工，在一个个看上去充满善和美的理论外壳下逐渐陷入非人类中心主义的浪漫幻境。而马克思主义整体生态观在理论上明确区分了人与动物之间的实质性差异，不仅认同人类与动物的互相依存关系，同时也强调人类对包括动物在内的自然的改造权利，从而完成了对非人类中心主义理论浪漫幻境的超越，在人与动物辩证关系的布局下达成人与动物的"和解"。马克思指出，"诚然，动物也生产。动物为自己营造巢穴或住所，如蜜蜂、海狸、蚂蚁等。但是，动物只生产它自己或它的幼仔所直接需要的东西；动物的生产是片面的，而人的生产是全面的；动物只是在直接的肉体需要的支配下生产，而人甚至不受肉体需要的影响也进行生产，并且只有不受这种需要的影响才进行真正的生产；动物只生产自身，而人

1　《马克思恩格斯文集》第 7 卷，北京：人民出版社 2009 年版，第 928 页。

再生产整个自然界；动物的产品直接属于它的肉体，而人则自由地面对自己的产品。动物只是按照它所属的那个种的尺度和需要来构造，而人却懂得按照任何一个种的尺度来进行生产，并且懂得处处都把固有的尺度运用于对象；因此，人也按照美的规律来构造。"[1] 由此看出，动物和人之间的实质性差异是明确的。在生产内容方面，人的生产具有全面性，而动物的生产是片面的；在生产方式方面，人的方式是可以脱离肉体的，动物的方式是受肉体支配的；在生产尺度方面，人不仅可以按照各种尺度进行而且按照美的规律进行构造具有广泛性，动物只能按照自身的尺度具有狭隘性。人与动物的差别并不是理论上设定的，而是在人开始生产自己的生活资料，即迈出由他们的肉体组织所决定的这一步开始的时候，人本身就开始把自己和动物区别开来。从人类历史的进程来看，在人类没有开始生产自己的生活资料时期，人与动物在自然界中的角色和意义是同等的，然而随着进化的进行，人类开始生产自己的生活资料，同时间接地生产自己的物质生活本身。基于人类历史发展过程，马克思认为把人和动物区别开来的第一个历史行动不在于他们有思想，而在于他们开始生产自己的生活资料。

二、 人类中心主义观与非人类中心主义观的整合

在动物医疗应用中，存在着支持动物利用的人类中心主义观，和反对动物利用的非人类中心主义观，这两大阵营的对峙表面上看似人与动物之间存在着矛盾与危机，然而实质上看，人与动物的危机问题本质上仍然是人与人之间的危机问题，只是在危机的诉求表达上，双方保持着人类中心主义与非人类中心主义两大不同的立场和价值观。因此，动物医疗应用的行为如要寻求一种合适的理论支撑，必须要能够达成抱持人类中心主义观与非人类中心主义观两种不同立场的人的和解，而马克思

---

1 《马克思恩格斯文集》第 1 卷，第 162 - 163 页。

主义整体生态观以其对人类中心主义与非人类中心主义的超越与克服，其理论能够达成两大理论阵营的共识与融合，从而达成在这一特殊问题上人类本身的和解。

有国外环境主义者提出，马克思主义本质上是"人类中心主义"的，甚至是"物种主义"的。在他们看来，尽管马克思和恩格斯信仰共产主义，宣扬"各尽所能，各取所需"的共产主义原则，这一原则本身能够承认动物拥有需求，也欣赏人们尊重动物的需求，尽管动物缺乏某些能力（比如制造工具，甚至自我意识的能力），但这一原则却实质上是物种主义的，因为其"各取所需"仅仅局限于人类，它并不真正承认动物权利，也不意味着实质意义上的平等。[1] 然而，仔细考察马克思主义经典作家的著作和文献，不难发现，这种批评并没有真实地反映马克思主义思想的精髓，尤其在环境思想方面，马克思主义整体生态观并不像批评者所指责的所谓"人类中心主义"的，相反却是超越"人类中心主义"的。因为，在处理人与自然关系时，该理论将自然的先在性和人类应尊重自然的要求摆在了首要位置。

马克思指出，"人靠自然界生活。这就是说，自然界是人为了不致死亡而必须与之处于持续不断的交互作用过程的、人的身体。所谓人的肉体生活和精神生活同自然界相联系，不外是说自然界同自身相联系，因为人是自然界的一部分。"[2] "人作为自然的、肉体的、感性的、对象性的存在物，同动植物一样，是受动的、受制约的和受限制的存在物，就是说，他的欲望的对象是作为不依赖于他的对象而存在于他之外的；但是，这些对象是他的需要的对象；是表现和确证他的本质力量所不可缺少的。"[3] 恩格斯也指出："我们连同我们的肉、血和头脑都是属于自然界和存在于自然界之中的。"[4] 在马克思、恩格斯看来，人是自然的产

---

1   参见：David Sztybel, "Marxism and Animal Rights," *Ethics and the Environment*, Vol. 2 (1997), pp. 169 - 185.

2   《马克思恩格斯文集》第 1 卷，第 161 页。

3   《马克思恩格斯文集》第 1 卷，第 209 页。

4   《马克思恩格斯文集》第 9 卷，第 560 页。

物，依靠自然界生活，人与动物相比，虽然人类在自然生活实践中具有更强的主观能动性，但也因此更依赖于自然界，从而必须遵循自然界的规律。在此意义上，马克思主义整体生态观并没有因为人类主体地位的确立就将包括动物在内的自然界看作可以任由人类支配或操控的对象。因而，马克思主义整体生态观的立场并非人类中心主义的，而是辩证地指出人与自然、人与动物不可分割的依赖关系，是对人类中心主义理论的一种超越。在一定程度上，这种温和的立场是可以被抱持非人类中心主义观点的人所接纳的。

近年来，自然生态环境恶化明显，并且恶化速度也日益加剧，人与自然的关系逐渐从人与自然的平衡状态走向人与自然失衡的危机状态。很多人将自然环境的恶化归结为人类中心主义的恶果，尤其在人与动物关系方面，将珍稀野生动物的濒危与灭绝、常见野生动物的数量减少的原因统统归结为人类以自我利益为中心对自然环境的破坏和对动物资源的过度利用，从而逐渐转向非人类中心主义诉求的对自然的"尊重"与"敬畏"（实质意义上是放弃对自然的改造和利用）。然而，非人类中心主义观在强调尊重自然、敬畏生命的诉求中通常偏离现实生活对自然的利用和改造，追求对自然的"无为"来完成人与自然的沟通。事实上，没有任何一个真实存在的人能够生活在真空中，能够静观自然的变化发展而不参与其中或者不用任何手段对自然加以改造和利用就能生存下来。人类对自然最原始的依赖性决定了人类的生存与发展必须基于人类的需要而依靠自然、利用自然。因此，在人与动物关系方面，也不可能脱离人类需要依靠动物、利用动物的现实情况。

马克思以人与动物的区分来突显人的类本质，"正是在改造对象世界的过程中，人才真正地证明自己是类存在物。"[1] 可见，人类通过实践改造对象世界，利用动物进行生产生活活动，是人类维持自身生存的手段，是作为人的类本质的内在要求。并且，马克思在对人与动物的本质

1　《马克思恩格斯文集》第 1 卷，第 163 页。

比较中追寻劳动异化的历史根源与后果，在他看来，自然环境恶化、生态危机等人与自然失衡状态并不是所谓"人类中心主义"的恶果，其原因归根结底是由异化劳动造成。异化劳动使人的自由活动沦为维持人的肉体生存的手段，使人与动物的机能相互倒置并进而剥夺掉人丰富而全面的本质。因此，危机的解决应该致力于解决人的劳动异化问题，而不是诉诸非人类中心主义的虚无理论与浪漫形式。这就要求人类在利用动物进行医疗相关实践活动的时候，必须对其利用的手段、规模、方式等等产生的后果有充分的认识与估计，尽量避免因人的劳动异化造成对动物的过度伤害，从而避免对动物医疗应用抱有不同立场的人之间的矛盾激化。

虽然马克思主义整体生态观的理论渊源和归宿点仍是人类的生存和发展的需要，但它主张对人的利益和需要进行理性的把握和权衡，并不强调人类的唯一地位和唯一目的性，反对将人的利益和需要绝对凌驾于包括动物在内的其他自然存在物之上。它强调动物的价值不仅在于它们能够满足人的利益，而且强调达成人类同动物的和解以及人类本身的和解，并以此丰富人的精神世界，实现人之为人的全面自由。因此，马克思主义整体生态观为解决当今动物医疗应用中"人类中心主义"的动物利用观和"非人类中心主义"的动物权利观的理论分歧提供了一个走向理论共识重叠和融合的思考方向，为动物医疗应用行为提供了一种既符合生态伦理思路又具有现实可操作性的理论基础。

第三节　基于马克思主义整体生态观的价值、权利与实践

如前所述，就动物医疗应用的伦理问题而言，马克思主义的整体生态观更具备面向现实的理论指导和实践意义，具体体现在动物内在价值与工具价值的转化统一、人类义务与动物权利的双重考量、现实需要与理想诉求的适度结合等方面。

一、 内在价值与工具价值的转化统一

动物是否拥有内在价值（或是否只有工具价值），能否由此获得道德关怀，这是人类中心主义与非人类中心主义观点最重要的分歧之处，也是整体生态观一直关注并寻求解决的问题。

罗尔斯顿认为生命系统中的价值范畴包括内在价值（intrinsic value）和工具价值（instrument value）。生命系统本身存在着"自我"，即自我利益（self-interest）、自我目的（self-purpose），它是自己为了自己的"自为"（being-for-itself）存在，生命系统维持自身生存与繁殖这个最高目的，自己赋予自己存在的价值，并且此种价值不以任何外部观察者、评价者和行动者的需要、愿望、利益为转移，它是与人类评价主体分开的，此即生命系统本身的内在价值。一个系统的目标是维持自己的生存，对其周围环境和自己的行为与特征产生一种需要（needs），凡有助于维持自己生存的就是善，反之就是恶。它的生存的目标是内在的，也是最高的价值，而达到这种目标的手段便具有工具价值。环境要素自身的行为如果有助于维持自身的生存，提高自我利益的实现，满足自己的需要就具有了正的工具价值；反之，不利于自身维生的利益需要，就具有了负的工具价值。因而，工具价值是相对的，同一事物对于不同的生命有不同的价值。[1]

价值是一个关系范畴的概念，其基本含义是客体对主体需要满足的效应，即作为主体的人类运用客体满足自身需求或目的的效应，主体性和目的性是价值概念的核心内涵。人由于其特有的内在尺度而成为主体，人的需要也因此成为能动的主体需要。马克思指出："凡是有某种关系存在的地方，这种关系都是为我而存在的；动物不对什么东西发生

---

[1]　张华夏：《现代科学与伦理世界——道德哲学的探索与反思》，北京：中国人民大学出版社2010年版，第14页。

'关系',而且根本没有'关系';对于动物来说,它对他物的关系不是作为关系存在的。"[1]

马克思与罗尔斯顿在自然价值观方面见解相同之处在于他们都关注自然价值的存在,要求人们把自然价值放到重要地位,以改变传统价值观中的"人类中心主义"观念。不同之处在于,罗尔斯顿认为自然拥有"内在价值"这一概念明显扩大了价值主体的范围,将价值主体从人扩展至人类之外的动植物以及非生命体的整个生态系统。生态系统是价值存在的一个整体单元,一个具有强大包容力的生存单元,工具价值和内在价值都客观地存在于生态系统中,就作用和贡献而言,内在价值与工具价值是相互交织在一起的。与康德"人对自然负有间接的义务"的道义论不同,罗尔斯顿认为人对自然的义务是一种"直接义务",因为自然物本身拥有内在价值,而内在价值是是否享受道德关怀、成为义务对象的客观根据和评判标准。显然,罗尔斯顿把对人与自然关系的处理仅仅寄希望于人类的明智和智慧,希望人了解自然的伟力,爱自然的神奇,其虚无性不言而喻。在马克思主义整体生态观里,对于人来说,保护任何生命现象及其无机界环境具有同样意义,这个意义在于保护自然生态系统的存在与发展的义务本身仍然是为了实现人与自然的和解,达成人与自然的统一。相比而言,马克思主义整体生态观从人与自然的辩证关系角度去阐释自然价值更具有实践性和现实意义。

广义价值论区分了内在价值与工具价值两个范畴,这两个概念有助于帮助我们揭示和理解人类中心主义与非人类中心主义两大伦理观的区别和限度。人类中心主义的价值基本上是人的价值,人们常常习惯性地假设,所有人类中心主义的价值都是工具意义上的,即非人类存在物因有利于人类才有价值。西方传统的古典人类中心论主张人才是唯一的目的,非人类存在物都只有工具价值,因而理所当然被人类利用。即便是改良了的现代人类中心主义观也只在派生意义上承认非人类存在物的价

---

[1] 《马克思恩格斯文集》第 1 卷,第 533 页。

值，它所关注的利益仍然局限于人类共同体的利益而非生态系统的共同利益。反之，非人类中心主义通常夸大非人类存在物的内在价值，尤以功利主义为理论基础的强式动物权利论者为典型。在他们看来，一种行为或行为准则是否正当或有伦理价值，在于是否有利于最大多数（包括动物）的最大幸福，而这幸福对这些学派来说是能否感受到痛苦或快乐或是否具有感受痛苦和快乐的能力，从而要求清空牢笼、要求"全面废止我们所知的动物产业"，拒绝将动物当成工具被人类利用，这在本质上降低了人的内在价值，忽视了人的尊严和自主性。

在生命系统内，内在价值与工具价值是可以互相转化的。个体的生，是对其自身价值的捍卫，是它面对生存问题作出的实在回应，也是一种内在价值的体现；个体的死，是其价值的崩溃，同时也是它对其他个体所捍卫的价值的贡献，因为其他个体能对它的物质、能量及信息加以再循环。罗尔斯顿说"当延龄草为捕食者所食，或枯死被吸收进土壤腐殖质，延龄草的内在价值被毁灭，转变为工具价值。系统是价值的转换器。在那里，形式、本质、过程的真实性、事实和价值不可分割地连接着，内在价值和工具价值穿梭般地来回在整体中的部分和部分中的整体中运动，局部具体的价值嵌入全球结构"。[1] 每一生物体或物种都与其他生物体或物种有一种敌对，但这样具有自己价值的每一个生物体或物种又都依附于一个整体，在其中与别的个体与物种交换价值，结果是使价值得以保存。从这个角度看，资源的转换乃是从一条生命之流转到另一条，是织成生态系统的生命之线的联结。

内在价值与工具价值在生命系统内本质上是统一的。在罗尔斯顿看来，"自然界不仅是价值的载体，而且是价值的源泉"。自然系统作为生命之源将内在价值与工具价值紧密结合在一起。在马克思的视野里，内在价值与工具价值的统一不仅仅因为自然系统本身作为价值的容器将二者结合，他是以人与自然的辩证关系更务实地表明了二者内在统一的本

1　张华夏：《现代科学与伦理世界——道德哲学的探索与反思》，第 15 页。

质。"从实践领域来说，这些东西也是人的生活和人的活动的一部分。人在肉体上只有靠这些自然产品才能生活，不管这些产品是以食物、燃料、衣着的形式还是以住房等等的形式表现出来。在实践上，人的普遍性正是表现为这样的普遍性，它把整个自然界——首先作为人的直接的生活资料，其次作为人的生命活动的对象（材料）和工具——变成人的无机的身体。人靠自然界生活。这就是说，自然界是人为了不致死亡而必须与之处于持续不断的交互作用的过程的、人的身体。所谓人的肉体生活和精神生活同自然界相联系，不外是说自然界同自身相联系，因为人是自然界的一部分。"[1] 人靠自然界生活，自然系统内的植物、动物等等不可避免地成为人类的生产生活资料而体现其工具价值。人是自然界的一部分，人来源于自然，但并未脱离自然，人和自然本身是融为一体的，这种一体性让他们共同的价值也具有一体性。因而无论是罗尔斯顿的自然价值论，还是马克思的整体生态观，对于内在价值和工具价值的统一性是两者共同的观点。

在整体生态观的视角下，生态系统是具有内在价值的，人类的价值属于生态系统价值的组成部分。同时，生态系统对于人类是有工具价值的，如果缺乏生态系统的支持，人类将无法长久生存与发展。生物共同体的稳定、完整和优美是人类与其他一切生命共同利益之所在；而生物共同体的不稳定、不完整和丑陋对于人类、动物以及整个生命世界都是有害的，这对于人类来说是恶而不是善。因而，整体生态观的最重要结论是：保护自然环境、维护生态系统的完整性是最高的道德命令和终极的伦理价值。人类对生态系统的完整性负有不可推卸的道德责任。[2] 在处理人与动物关系的现实问题方面，尽管强式动物权利论反对对动物的利用、要求"全面废止我们所知的动物产业"、拒绝将动物当成工具被人类利用，但在内在价值和工具价值之间保持平衡仍是当代环境主义者

1　《马克思恩格斯文集》第 1 卷，第 161 页。
2　张华夏：《现代科学与伦理世界——道德哲学的探索与反思》，第 18 页。

包括动物保护主义者在内都认可的主要观点。

二、 人类义务与动物权利的双重考量

在人与动物关系方面，整体生态观奉行互惠互利的准则，要求既要考虑人类生存与发展的立场，也要求顾及人类对动物权利的诉求，尤其是在实践领域对动物福利的关注实质上是一种对动物权利和人类义务的双重考量。邱仁宗教授认为："我们谈论动物权利时，就是将动物视为权利主体。这个权利主体是比人类儿童、残疾人和老年人更为脆弱的个体和群体。说一个人或一个群体脆弱是指他（她或它）或他们（她们或它们）自身没有能力来维护自己的权利和利益。因此，它们更应该有合理和合法的权利，要求人类善待它们，向它们提供物品或服务。总之，人类有义务善待动物，向它们提供生存必需的物品或服务。对动物是权利的，对人类就是义务。"[1] 根据上述观点不难发现，人对动物的义务实质上是单向性的。动物缺乏评价行为是否合法的能力，它在得不到法律规定的待遇时毫无感知，也不会主张权利，因而通常意义上的"动物权利"是主张动物拥有权利的人所诉求的权利，其主体仍然是人，在此意义上动物权利亦是人类义务所指向的对象。与康德传统的"间接义务论"不同的是，现代哲学的观点通常支持人类对动物具有直接的道德义务。因此，从这一角度衡量动物权利通常可以转化或归结为对人类义务的考量。因而，在整体生态观下考察人类权利与动物权利通常意义上是对人类利用动物的权利和人类对动物的直接义务的双重考量。

在整体生态观视角下，无论是罗尔斯顿认为的人类对动物具有派生意义上的优先性，还是马克思认为的动物作为自然产品和生活资料是人生活的一部分，人在肉体上依赖动物产品才能生活，两者都在一定程度

---

[1]　邱仁宗：《生命伦理学》，第 249 页。

上明确了人对动物利用的权利。同时，罗尔斯顿从自然价值论的角度认
为动物也具有内在价值，人类对动物有着直接的道德义务，马克思从人
类来源的角度说明了人类来源于自然并融于自然，人类对动物应具有像
对自身的关照即人类具有保护动物的责任。

三、 现实需要与理想诉求的适度结合

"不打碎阳光下的冰晶，不摘树上的绿叶、不折断花枝，走路时小
心谨慎以免踩死昆虫。"[1] 当这样一幅美好的图景展现在眼前，大概没有
人不为此感到欢喜和开怀。如果生活只是需要做到这些其实也并不困
难，这对很多人而言都是既简单也乐意做到的，但遗憾的是现实生活远
不止如此简单。即便在《生态乌托邦》作者笔下的美好乌托邦里，人们
利用动物作为人类生活工具的场景也随处可见。"毛皮似乎是最受欢迎
的材料，它们常被用来制作钱包和袋子、裤子和夹克。""也许他们已经
回到了石器时代。刚刚傍晚的时候，我看到一队猎人，背着样式奇特的
弓和箭，从一辆小公共上跳下来，车上还有一只他们刚刚杀死的鹿。他
们中的两个人把鹿提起来，挂在一根长棍上，再把棍子搭在肩上，沿着
道路整齐行进。（一只大型猎犬跟在队伍边上，这是我到生态乌托邦后
见到的第一只宠物，在这里，动物显然被尽可能放归自然状态，我感觉
人们似乎也没有让它们来陪伴自己的需要。）人们聚起来看热闹，小男
孩们兴奋地围着他们钻来挤去。猎人们在靠近我的地方停下来休息，或
许也是为了让人们钦佩他们的猎获吧，我想。其中一人引起我的注意，
他也肯定看到了我眼中的厌恶，他用手在那只鹿还在淌血的伤口上搓了
一把，然后冲着我的脸颊比划了一下，像在暗示我也参加了狩猎一样。
我吓了一跳，向后闪开，围观的人群爆发出一阵粗鲁的笑声。""那只鹿

---

1 ［美］R. F. 纳什：《大自然的权利：环境伦理学史》，杨通进译，青岛：青岛出版社 1999 年
版，第 73 页。

将被宰杀，肉会被瓜分：野味据说是生态乌托邦人食谱中肉类的重要来源；此外，它们的'精神'价值也为人称道！这些行为到底是食品短缺强加给他们的，还是经过深思熟虑的返祖政策所致，我无从知晓。但在黄昏时分，这个食尸鬼般的场景无疑会让人感到恐怖。"[1] 乌托邦的世界里也难免以动物作为人类生活的资料，动物的痛苦和死亡给乌托邦里的人类带来了身体和精神上的双重满足，这其实是现实生活中动物利用的真实写照。

奥威尔的著名寓言故事《动物农场》虽然实质上是一部政治讽刺小说，但其中所描绘的动物们挣脱人类的控制和利用后，采取动物自治的方式却陷入了类似人类控制的模式，在猪领导下的农场动物们的生活过得比在人类控制和利用时更糟糕，实际地位更低下。这也从一个侧面说明脱离现实的、绝对理想化的动物权利是荒谬的，甚至是悲惨的。在小说中，绝对理想化的结局是："所有动物一律平等，但有些动物比其他动物更为平等"，[2] 这意味着，在理想化的结局里也没有绝对的平等，而是出现了更为糟糕的不平等现象。

不可否认的是，人们在情感上会更喜欢那种对待动物没有暴力、没有杀戮的和平美好图景，这也是激进的动物权利者通常所描绘的理想世界。为此，他们要求将道德关怀对象范围扩展至动物和其他非人类存在物，要求"清空牢笼"、"动物解放"。诚然，所有这些描绘都是美好的，令人向往的，但那需要极高的生产力水平、道德水平以及人们生活方式和习惯的改变，甚至动物自身更高程度的进化，而所有这些在现阶段都只能是处于理想状态，并且即便有实现的可能也是一个非常漫长的过程。因此，在动物利用的现实需要和动物保护的理想诉求之间，需要一种具有实践意义的构想去缩短现实和理想的距离，马克思主义的整体生

1　[美] 欧内斯特·卡伦巴赫：《生态乌托邦》，杜澍译，北京：北京大学出版社 2010 年版，第 18 – 21 页。

2　[英] 乔治·奥威尔：《动物农场》，孙仲旭译，南京：南京大学出版社 2013 年版，第 113 页。

态观中"按照美的规律去构造"则给现实通往理想之间的现代生活指明了一条平凡朴实之路。

马克思指出："动物的生产是片面的，而人的生产是全面的；动物只是在直接的肉体需要的支配下生产，而人甚至不受肉体需要的影响也进行生产，并且只有不受这种需要的影响才进行真正的生产；动物只生产自身，而人再生产整个自然界；动物的产品直接属于它的肉体，而人则自由地面对自己的产品。动物只是按照它所属的那个种的尺度和需要来构造，而人却懂得按照任何一个种的尺度来进行生产，并且懂得处处都把固有的尺度运用于对象；因此，人也按照美的规律来构造。"[1] 从马克思的这段话来看，人懂得按照任何一个种的尺度来进行生产，意味着人可以优先按照人的尺度进行生产，但这并不意味着人类尺度是最高尺度，也不意味着人类道德修养就此止步，人还应该按照美的规律来构造，因此，人的道德修养是一个不断向上发展且永无止境的过程。从这个角度看，动物权利论、生物平等主义和生态平等主义者把人的道德义务范围扩展到动物以及其他非人类存在物的做法，为人类道德修养的发展提供了新的可能性。人类应该有一种高尚的情怀：对他人关心，对动物怜悯，对生命爱护，对大自然感激，甚至应当与某种永恒的东西"照面"，将生活的意义与比个人更宏大的目标与过程联系起来，按照美的方式去生活。因此，我们可以把动物权利论、生物平等主义等等激进的伦理理论理解为具有终极关怀色彩的个人道德理想，鼓励人们积极追求（但并不赞同部分极端主义者将此作为扰乱正常社会秩序的手段），通过高标准的伦理要求实现对不同观念人的改造，从而在通往理想的道路上往前迈进。

总而言之，在马克思主义的整体生态观视角下，人们承认动物有感受痛苦的能力，承认动物有自己的内在价值和在一定意义上有自己的权利，并尊重它们的这种内在价值和权利，不虐待动物，保护野生动物物

1　《马克思恩格斯文集》第 1 卷，第 162 - 163 页。

种，甚至在必要时牺牲人类利益为动物建立自然保护区。人们追求与天道和自然万物符合若契的生活与理想，以及那些值得珍视的爱物传统与慈悲精神，但无论理想如何高远，人都始终生活在现实中。人类社会任何一种文明都不能免于对自然和动物的利用，尤其是医疗领域。尽管可以将人类道德关怀的范围扩展至动物，但当动物对人类的生存构成威胁，或必须以牺牲动物的利益来维护人类的生命利益时，还是只能出于人的本能让动物做出必要的让步和牺牲。在这一过程中，人类应该秉持动物福利理念，给动物以人道的关怀，尽可能地降低或免除动物不必要的痛苦，在利用动物的同时兼顾改善动物的生存状况。正如马克思所说"只有在现实的世界中并使用现实的手段才能实现真正的解放"。[1]

1　《马克思恩格斯文集》第 1 卷，第 527 页。

第六章　动物医疗应用的道德正当性与伦理边界

就动物医疗应用领域的各种伦理问题和困境而言，在厘清人类中心主义和非人类中心主义理论的发展脉络以及明确马克思主义整体生态观基本立场之后，出于现实的必要的实用性考虑：在目的方面致力于促进人类与自然的共同利益、在价值秩序方面承认人类立场的基本性和适当优先性、在实践结果方面能够同时惠及人类中心主义与非人类中心主义的目标的马克思主义整体生态观，无疑是处理当前医疗领域动物应用伦理困境的最合适的伦理立论基础。虽然整体生态观可能是解决人与动物关系问题的最适当的理论体系，但也不是一个完美无缺的理论体系。马克思主义的整体生态观也并不是整体生态观中最完美的理论形态，也有其自身的理论弱点，如若掌握不好界限便容易滑向人类中心主义的风险。在此理论基础之上，还需要仔细分析动物医疗应用的道德正当性何以可能，动物医疗应用道德正当性的评价标准有哪些，如何设置动物医疗应用的伦理边界等等这一系列理论问题。

第一节　动物医疗应用的道德正当性何以可能

强式动物权利论反对一切形式的动物利用，雷根专门提及的"科学中三个主要领域在常规性地使用动物"事实上都关涉动物医疗应用领域，可见在他那里，人类对动物医疗应用的行为是一种不道德行为。对此，本书已在第二章和第四章中陆续分析了动物权利论的理论缺陷与实践困境，这给动物医疗应用的道德正当性论证提供了一个必要的理论前提。但是，仅仅提出动物权利论的理论缺陷并不足以说明动物医疗应用的道德正当性，还必须从逻辑上确立动物医疗应用的道德正当性何以可能，前文论及以马克思主义整体生态观构建动物医疗应用的伦理基础便是解决这一问题的逻辑基础。在此基础上，本书拟以人与动物的同质与差异性为切入点，从生物属性与社会属性的结合与分离、人与动物的基本价值秩序安排、人与动物的权利与义务的整体性关系这三个方面来阐述动物医疗应用的道德正当性何以可能。

一、　人类生物属性与道德属性的结合

作为地球生态系统的一个物种，人类表现出与动物以及其它生命形态类似的生物属性，达尔文的进化论对人类与动物生物属性的理解最被普遍接受。一方面，其《物种起源》中体现的"生物进化论"表达了自然选择的生态规律，并以人类的生物优越性确立其在自然中的主体地位，这为人类利用动物提供了生态理论基础和某种合乎自然的道德理由；另一方面，其晚年著作《人类的由来》中将生物进化的观点运用到人类的认识和道德中，强调人类与其他物种的同源关系，并进一步认为人类能够发挥其广博的同情心而对弱者进行照顾，甚至对其他动物加以关爱，这在道德上是值得提倡的。[1]　这一论断被学界评价为达尔文的"道德进化论"思想，为人类对动物及其他物种的关爱确立了生物学和道德哲学的双重基础。简言之，人是自然序列中一个重要的环节，在漫长的进化过程中发展成为具有一定主导地位的生物物种，但并不意味着人类可以绝对优越于其他生物物种，可以随意占有和支配自然界。全面

1　[英] 达尔文：《人类的由来》上册，第184页。

的进化论思想既为人类提供了利用动物的道德辩护，也为人类设定了善待动物的伦理要求。

尽管动物权利论者总是尽力消弭动物与人类之间的差异，以此推导出动物拥有权利的结论，然而，人与动物之间的差异性并不是某种哲学语言能够消除的。恩格斯在《自然辩证法》中指出，人从自然界中脱离出来，"经过多少万年的努力，手脚的分化，直立行走，最后终于确定下来，于是人和猿区别开来，于是奠定了分音节的语言的发展和头脑的巨大发展的基础，这种发展使人和猿之间的鸿沟从此不可逾越了。手的专门化意味着工具的出现，而工具意味着人所特有的活动，意味着人对自然界进行改造的反作用，意味着生产。"[1] 这段话深刻说明了人类与动物之间存在着本质的差异，这些差异并不是简单地以动物跟人一样"都具有感受痛苦的能力"就可以消除的，也并非将动物与人类构建成伴侣关系就可以解除这种主体性的界限，而正是这些差异在功能的区分上使动物成为人类生活和生产实践的一部分。在马克思主义整体生态观的理论框架内，一方面，动物作为产品和资料是人类生活的一部分，人类可以依靠动物作为医疗应用的重要资源进行必要的医学研究和相关生产实践；另一方面，人对动物的依赖性也说明人类不能为了自身目的肆意利用动物，而应该尊重动物并保护动物，在医疗应用领域同样不能以促进人类健康为由，任意、无度地利用或伤害动物。

人与动物是关系性、交互性的存在物，在双方广泛密切的生态联系中，各自利益的获求总会涉及对方利益的损益，动物在生存利益需求下随时可能对人类生命产生威胁和减损，同样，人类为了自身利益需要也可能对动物带来伤害和痛苦。动物对人类的各种行为都因其生物属性与道德属性的分离不会被打上不道德的烙印，而人类对动物的行为因为其生物属性与道德属性的结合往往会被贴上道德的标签。但道德并不意味着放弃自身合理利益的追求与获取，并且，人类合理利益的存在往往作

––––––––––

1　《马克思恩格斯文集》第 9 卷，第 421 页。

为转化成动物利益的必要前提。绝大多数人都会同意人类在医疗实践中利用动物从而获取人类健康是一种合理的利益需求，这并不仅仅在于将求生欲视为人类的本能，还在于求生欲也是人类保护动物的前提。一方面，人类只有爱护自己的生命才会同样感受到其他生命的重要和尊贵，这是推己及人的道德生成要素；另一方面，人类也只有获取了健康知识和技术才能将之运用于动物，从而以科学技术手段维护动物的健康，促进动物生命的质量。

道德基本功能在于促进人的幸福生活，促进人与自然的和谐存在，在人与动物关系上，人类不能为道德而道德，使道德成为人类精神和实践的桎梏。因此，一方面，要调节好人类与动物利益之间的关系，就必须包含对人类利益与动物利益的双重尊重，如果片面重视一方利益，忽视另一方利益，就不能使两者利益协调实现，也就使道德失去了调节功能而变成一种牺牲。另一方面，道德虽然意味着一种人类的自我完善，但这种完善仍然需要对自身利益的肯定与追求，在动物医疗应用这一情境中，放弃人类正常的健康利益，追求完全利他性的动物利益将陷于一种飘忽无根的虚无状态，这种道德最终也将变得不可理解，不会成为人类实践活动的有效指引。

概言之，强调动物与人类之间的差异，并不是要说明人类比其他动物更优越和高贵，而是必须从这些差异中看到人类特有的社会属性，尤其是诸多社会属性中动物无法以主体身份具备的道德属性。道德应该成为人类生活和实践行为的规范，而不是以绝对利他的要求成为人类生活和实践行为的桎梏。在人与动物关系中，道德不仅体现为关心爱护动物的利益，也可以在合理范围内寻求和关心人类自身的利益。因为大自然并没有给人类提供自然而然生存的方式，人类必须依靠创造性的生产实践才能维持自身的生存，而医疗事业是人类维持生存最直接和必要的一种实践活动。并且，在这种实践过程中，利用动物获取人类健康的一系列医疗要素作为维持人类生存的基本手段可以控制在一定的合理范围内，在这一意义上，动物医疗应用完全可以获取道德正当性的辩护。

二、 存在与价值的秩序权衡

讨论动物医疗应用的道德正当性何以可能的问题始终绕不开人类与动物在生态系统中的价值与权利问题，人类与动物之间生物属性与道德属性分离与结合的理论指向也集中于人与动物的基本价值秩序安排问题，以及人与动物之间权利和义务的关系问题。主张动物拥有权利或要求平等考虑、对待动物的诸种理论形态都极力强调动物的"内在价值"，并以此为理论依据力图证成人类利用动物在道德上的非正当性。但既成的"内在价值"概念至少有两个含义：一是生命自利的"内在价值"，二是人作为目的存在、作为理性存在、作为有尊严存在的"内在价值"。[1] 这两层含义的"内在价值"表明了动物的"内在价值"与人类的"内在价值"是意义并不完全相同的两个概念。动物的"内在价值"通常只表现为自利性，而人的"内在价值"通过自利和他利的统一表现出来。

人具有"内在价值"的命题可溯源至康德。"人，一般说来，每个有理性的东西，都自在地作为目的而实存着，他不单纯是这个或那个意志所随意使用的工具。在他的一切行为中，不论对于自己还是对其他有理性的东西，任何时候都必须被当作目的。"[2] 康德认为有理性的存在才能作为目的存在，人具有理性，因而人本身是一种目的性的存在并具有"内在价值"。有人在此基础上将这种存在的主体扩展至非人类生命形式，提出非人类存在物也有其自身存在的目的，因而也具有"内在价值"。动物权利论便是这种扩展理论的典型代表，认为动物也具有"内在价值"，因此应予以平等考虑或平等对待。然而，这种扩展而来的动物的"内在价值"实质上是生命自利意义上的"内在价值"，与人的

1　参见易小明：《两种内在价值的通融：生态伦理的生成基础》，《哲学研究》2009 年第 12 期。

2　［德］伊曼努尔·康德：《道德形而上学原理》，苗力田译，上海：上海人民出版社 2005 年版，第 47 页。

"内在价值"在内涵上有所区分。尽管动物也有其内在的规定性的存在，但这种存在并不以理性为前提，而且作为自然界的个体，动物也必须从自然界获取物质能量以满足自身存在的需要，在此意义上，动物的"内在价值"仅仅表现为生命个体的自利性。而人的"内在价值"除了自利性之外还具有理性，这种理性能够将自我意识、情感等因素推己及人，产生同情感和平等对待、平等考虑的要求，进而能够控制人类自利性的无限扩张，生成具有道德意义的利他性，主动保护动物在内的其他生命形态。由此可见，人与动物的"内在价值"有着本质的差异，人在理性基础上的目的实现不同于动物纯粹自利的目的实现，理性是一定程度上对生命个体自利性的合理超越，是自利和利他的结合与统一。

环境伦理学将关怀的视野从人类扩展到动物及其他非人类生命形式，这实质上是人的理性使然，是人的理性使动物的"内在价值"能在人类"内在价值"的认识论维度得以扩展，并通过人类对动物的同情与保护使动物的"内在价值"得以在现实层面与人类的"内在价值"贯通。这种扩展实质上强化的是人类对动物的道德责任和义务，并不是要反对包括医疗应用在内的一切形式的动物利用。诚然，我们应当肯定这种道德关怀视野的扩展，承认动物自身存在生命自利意义上的"内在价值"。问题在于，当动物利益与人类利益发生冲突和矛盾时，对于价值秩序的安排应当如何权衡。马克思主义整体生态观在对人与动物辩证关系理解的基础上抱持一种整体性的价值秩序安排。一方面，"自然的人化"体现了以人的尺度来改造自然的思想，张扬了人的"内在价值"尺度；另一方面，"人的自然化"则要求以自然的尺度来规范人类改造自然的活动，也体现了对自然界其他生命形式"内在价值"的尊重，但这种尊重并不以降低人的"内在价值"为前提。由此可见，在人与动物关系方面，马克思既强调人的"内在价值"，也承认一定意义上的动物的"内在价值"，但这种整体性的价值标准并不否定人类生活实践中对动物个体生命伤害的必要性，也正是这种整体主义的价值观有助于消减动物权利论在实践领域的激进色彩，也为获取动物医疗应用领域的道德正当性提供了一种整体主义的价值理论基础。

在这种整体主义的价值观视野下，动物与人类一样是生态系统的重要组成部分，其生命自利的"内在价值"对于整体生态价值具有重要的意义，因此，在医疗应用中，必须重视对动物"内在价值"的考量，并将生态系统的整体价值作为价值抉择的重要依据。同时，当人类与动物的利益发生冲突和矛盾时，其价值秩序的安排也可以遵循一个解决冲突的理论方向。人类是生物属性和道德属性的结合体，在其践行道德规范的社会存在中，最基本的存在方式还是作为动物的存在，因此，人类自身生命自利的"内在价值"可以作为处理与动物利益矛盾冲突时的优先价值依据，也只有在确立了人类生命自利的"内在价值"的基本性前提之上，作为人类理性的"内在价值"才有可能发挥其利他性的道德意义。"存在先于价值，只有能够存在，才能够更好地存在。"[1] 就存在论与价值论的关系而言，人类维系健康的目的无疑是为了继续存在下去，也只有人类得以继续存在下去，才谈得上追求保护动物的自然价值论。换言之，人类只有在人与人的关系上先确立一种爱护生命的价值取向，才有可能以一种正常合理的方式去处理人与动物的关系。因此，当人类与动物的利益发生冲突和矛盾时，应当承认人类立场的基本性和适当优先性。这种建立在实用主义要求之上的价值秩序安排看上去也许不够高远，却要比任何高蹈、但不切实际的价值立场更为务实和持久。

三、 权利与义务的整体性关系

动物权利论在动物具有"内在价值"的逻辑基础上提出"动物拥有权利"的命题，这里的权利实质上是一种自然权利，是动物与生俱来固有的、按生态学规律存在并应受人类尊重的权利。正如前文述及动物权利的概念只对一定范围内的动物个体有保护意义，对它所规定的"生命

1　赵汀阳：《天下的当代性》，北京：中信出版集团 2016 年版，前言Ⅶ。

主体"范围之外的动物个体以及动物物种整体并没有提出实质意义的保护和关爱要求，由此看出，动物权利论并不真正符合现代环境伦理学保护整体生态环境的理论诉求和实践需要。因此，在现实生产实践中，必须从整体生态利益出发，务实地去考虑人与动物之间的权利和义务关系。

"在所有美德中，最有影响力的正是那些日常应用中最需要的品德，它们所发挥的作用最好、最持续、最长久，而超出凡人标准的高品硕德或许只不过是诱惑和危险之源。"[1] 强式动物权利论拒斥动物的工具价值，要求与人类绝对平等的权利，这会造成对道德价值的解构而走向道德虚无主义。尤其在医疗领域这种离不开动物利用又密切关系人类和动物共同健康福祉的公共事业领域，完全放弃人类对动物利用的自然权利，按照激进的动物权利论要求，反对一切形式的动物利用，必将使现实医学科学陷入困境，对人类健康事业的发展造成重大阻碍。"现代伦理变奏的一个重大主题就是伦理思维不再服从某种抽象普遍的法则，也不再强调对个人生活的无限放纵和宽容，伦理思考着力于解决人的现实安顿问题——如何在社会共同体中生活，如何与自然界相处，如何应对科技发展所带来的困惑。"[2] 就人与动物关系而言，动物权利论带给人类的重要启示应该在于对人类利用动物行为给以必要的约束与引导，而不是以降低人类自然权利来抬高动物的自然权利。

动物权利论在倡导或张扬动物权利的同时也应该清醒地看到，人类从根本上也是自然性的生物，对动物的利用虽有各种社会性因素，但同样也是其自然属性的一部分。在自然权利、社会属性意义上的契约权利等不同权利形态方面，人类最基本的仍然是拥有自然生活的权利。只有首先确立人类自然生活的权利，才能解释人类在自然生活中的义务。在整体生态观视角下，人类与动物之间的权利与义务的关系是由人类与动

1　[英] 塞缪尔·斯迈尔斯：《品格的力量》，王正斌、秦传安译，北京：中央编译出版社 2007 年版，第 4 页。

2　李培超：《环境伦理学的合法性辩护》，《道德与文明》2001 年第 3 期。

物之间的利益关系决定的，而人类与动物之间的利益关系是生态系统整体利益关系的一部分。尽管从局部的利益关系看，生物与生物之间有时呈现出偏利共生、寄生、抗生等各种复杂情形，但从整体上看，生物之间基本上呈现一种互利共生关系，正是这种互利共生关系使生态系统成为一个密切联系并生生不息的利益共同体。也正是这种互利共生关系给人类利用动物提供了道德正当性的关系基础。事实上，动物医疗应用的行为不同于食用动物、以动物皮毛为装饰品或其他一般以自利为目的的动物利用行为，医疗应用行为是以人类和动物健康为目的的公共行为，这一公共行为本身具有超越其他动物利用行为的道德正当性。人类在动物医疗应用中认识到人类不仅仅有利用动物改善和促进健康事业的权利，也有保护动物和维护生态平衡的义务，并在此义务的协调下按照动物生存与发展的尺度去规范和控制人类的医学实验和生产实践，从而确保动物医疗应用行为的道德正当性。

基于马克思主义整体生态观对人与动物辩证关系的理解，在价值秩序方面承认人类立场的基本性和适当优先性，在权利与义务的分配方面支持整体生态利益的保护，能够为人类利用动物进行医疗实践改善和促进健康事业提供理论支持。它主张对人的利益和需要进行理性地把握和权衡，并不强调人类地位和目的的唯一性，反对将人的利益和需要绝对凌驾于包括动物在内的其他自然存在物之上；它强调动物的价值不仅在于它们能够满足人的利益，而且强调达成人类同动物的和解以及人类本身的和解，并以此丰富人的精神世界，实现人之为人的全面自由。因此，马克思主义整体生态观为解决当前动物医疗应用的伦理问题提供了一种走向重叠共识的理论进路，不仅为动物权利究竟是"谁之权利"提供了一种次序安排，更以人类何以能够利用动物的理论判断将"能否利用"的问题明晰为"何以能够利用"，从而为实践中的动物医疗应用提供了一种既符合生态伦理要求又具有现实操作可行性的伦理理论基础。

第二节　动物医疗应用道德正当性的评价标准

目的、手段和结果是一个行为活动最基本的构成元素和环节。目的是一个行为的灵魂，它贯穿于行为活动的全部过程中，给行为活动以价值规定，行为活动中的其他环节都是实现目的的手段，而结果则是行为手段过后产生的客观局面。人们总是自觉不自觉地在一定利益的驱动下去思考、去行动，而道德的要义正是在于从价值观上解决人们对待利益的态度问题，通过应当或失当的评价方式去调节人们的利益关系。一般而言，善恶标准是评价人们道德行为和事件的最一般标准。一种行为在不同程度上有利于他人或社会利益，便称之为道德行为；反之，则被称为不道德行为。就动物医疗应用的行为活动而言，同样包括行为目的、手段和结果这些基本元素。因此，评价动物医疗应用行为是否具有道德正当性，需要全面考量这种行为在目的方面追求何种利益、在手段方面怎样追求利益、在结果方面取得何种利益，更重要的是这些利益是否符合善的要求。

一、以"健康"为目的

改造自然界的实践活动，"是一种有意识、有目的的活动，目的设定规定着改造自然界实践活动的性质、指向和深度，并形成主导客体的物质力量，对改造自然界实践活动的效果性具有重要的决定性作用。改造自然界实践活动的目的设定具有选择性，人们选择何种目的作为实践活动的指导力量，总是受其价值观的影响，并指向一种应当或一种善。因此，改造自然界的实践活动的目的设定就具有了道德维度，使得人们能够对其进行道德合理性考量。"[1] 个体在进行某项行为之前，首先会在大脑中设想一个目的，然后再思考通过何种手段实现这个目的，最后再通过具体的实践活动将目的转化为现实的结果。在这一过程中，目的是行动的起点，它体现着这一行为的价值也为行为指明了方向，并最终对行动的结果会产生直接影响。因此，对动物医疗应用是否具备道德正当性的思考，应先从其目的入手。

古希腊时期，亚里士多德就曾指出，"每种技艺与研究，同样地，人的每种实践与选择，都以某种善为目的。……医术的目的是健康"[2]。可见，那时人们就已经明确地将健康视为医学的目的，认为健康本身即是一种善。"我们再回到所寻求的善，看看它究竟是什么……也许它就是人们在做其他每件事时所追求的那个东西。它在医术中是健康"。[3] 显然，对人类而言，维护健康这一目的是人们公认的有价值的境界。健康是一种终极价值，如果价值是相对的，那么只有关心自己健康的人重视健康，如果价值不是相对的，那么每个人都会重视健康。因此，价值的非相对性概念使我们能够认识到有些终极的善，如生命、健康、知识、乐趣，这是我们大家都追求的，无论是在哪里，也无论是谁拥有。[4] 中国传统文化很早对医学就有"医乃仁术"（明代王绍隆《医灯续焰》）的高度概括，"仁"即一种道德原则和规范，"术"为技艺。"医乃仁术"说明了医学是仁和术的结合，仁为术的目的和方法，术是仁的载体和手段。医术是一种爱人之术，一种帮助人解除疾病痛苦恢复健康之术。"仁"作为一种道德原则和价值规范，其根本特征是善的指向，因此作为医术目的的"仁"充分体现了善的价值观念。医学的发展从古至今经历了诸多阶段，从最初神灵主义的医学模式，经历了自然哲学的医学模式和生物医学模式的阶段，再到现代生物—心理—社会医学模式的局

---

1 曹孟勤：《成己成物——改造自然界的道德合理性研究》，上海：上海三联书店 2014 年版，第 105 页。

2 ［古希腊］亚里士多德：《尼各马可伦理学》，第 3 - 4 页。

3 ［古希腊］亚里士多德：《尼各马可伦理学》，第 17 页。

4 ［加］L. W. 萨姆纳：《权利的道德基础》，第 155 - 156 页。

面，每一个阶段都有新的方式和内容，但不变的是，追求健康始终是每一个阶段都不变的内在的东西。健康目的正是"仁"的道德原则在医学科学领域的具体体现和专业目的落脚点，从道德视角看就是对幸福和善的一种追求，具有毋庸置疑的道德正当性。

从古至今，随着医学的发展，健康概念在不同的历史时期和不同的医疗模式下也有着不同的意义。在现代生物—心理—社会医学模式中，就"健康"范畴而言，既不能看作是单纯描述人类个体存在状态的概念，也不能理解成为专指卫生保健的这一门类。1948 年，世界卫生组织（WHO）在其宪章中对健康的定义是，"健康不仅仅是没有疾病和无虚弱，而是身体、心理与社会适应性的完好状态。"可见，从概念的发展来看，"健康"概念的目光已经超出了人类的范围，它指的是除人类范围之外也包括非人类动物在内的其他存在物的健康，即大卫生、大医学观指导下追求健康利益活动的总和。现代医学模式的健康观念，更多地体现着医学对人和自然整体利益的关切，体现着现代医学以实现人与自然的和谐与平衡为己任，彰显了现代医学的崭新姿态和博大情怀。

以生命为研究对象的医学，承载着人类社会与其利益共同体的共同利益，因此医学并不仅仅是技艺的科学，还是价值的科学，是价值与技艺相统一的科学。黑格尔认为"行动的动机就是我们叫做道德的东西"。[1] 就此而言，以健康为行动动机的医学有其目的性正当的道德基础。健康的行为目的决定着医学正义与善德的精神，体现着医学的本质，也是维系医学发展的基本动力，直接影响医学行业的社会声誉，并且始终规定着医学的发展方向。在实践意义上，坚持和维护以追求生命健康为目的的人道精神是各种医学技术发展的基本立场，也是解决医疗实践中诸多问题的基本价值依据。就人类利用动物进行医学研究或药物生产等利用行为而言，其目的也始终是人类健康以及非人类动物等各种生命的健康。事实上，即便不谈人类的健康利益，动物的健康利益的实

1　［德］黑格尔：《法哲学原理》，范扬、张企泰译，北京：商务印书馆 1961 年版，第 124 页。

现也离不开在医疗研究和应用的过程中对动物的利用。没有对动物的观察与研究，不仅人类的健康利益得不到保障，动物的健康生存和发展也难以维持。基于医学科学以生命健康为目的的道德正当性，动物医疗应用的行为作为医学科学领域的一部分内容也具有目的方面的道德正当性。

二、 以"仁术"为手段

"医乃仁术"，医术是仁和术的结合，"仁"的目的必须通过"术"的载体才能实现，没有"术"的手段，"仁"的目的就只能停留在理想中，成为空中楼阁而不能成为现实。因此，考察动物医疗应用的行为是否具有道德正当性还必须考量其手段是否具有道德正当性。"所谓手段，广义地说，就是置于有目的的活动的主体和有目的的活动所指向的客体之间的一切中介的总和，包括实现目的的工具和运用工具的操作方式及一切活动方式、方法等，其中具有决定意义的是工具。"[1] 简言之，手段是行为主体为达目的而采取的方法，是实现目的的桥梁和工具。动物医疗应用的手段多种多样，包括利用动物实验进行药理、毒理实验，获取相关数据；对动物进行解剖，通过观察获得其生理结构的相关知识；有的利用动物进行疫苗或药物的生产提取获得预防、治疗疾病的药物等等，这些行为都有一个共同点，那就是离不开对动物的利用。因此，考察动物医疗应用的手段是否具有道德正当性的关键在于考察医学科学的行为主体如何利用动物。

我们难以用具体的、量化的标准来衡量医学科学的行为主体如何利用动物才是符合善的要求的，但是我们可以依据一定原则给予医学科学的行为主体以利用动物的范围限制和尺度约束，从而为动物医疗应用行为提供手段上的道德正当性依据。现代环境伦理学认为，在不存在利益

1　夏甄陶：《认识论引论》，北京：人民出版社 1986 年版，第 141 页。

冲突的情况下，人类对动物具有不伤害的初始义务。然而，在医疗应用的特殊领域，动物是不可或缺的应用元素，对其伤害在所难免。因此，在无法履行不伤害原则的情况下，可以退而采取伤害最小化措施。具体而言，应当力求在动物医疗应用中，将对动物产生的伤害程度降到最低限度，并通过限制利用动物的种类和范围以确保物种的繁衍和生态多样性的延续，对动物福利的要求予以尊重和落实。例如，在动物实验研究中，应严格遵从 3R（Replacement、Reduction、Refinement）原则，即替代、减少和优化原则，尽量使用无知觉的物质来替代有意识的活体高等动物，在获得预期数量和精度的信息基础上减少动物使用的数量，优化设计方案，使在对动物的使用过程中伤害操作发生率或危害性降低。[1]

　　虽然人类在医疗应用中不可避免地要利用动物，但是我们可以对被利用动物的种类和范围进行一定的限制和约束，以此确保物种的繁衍和多样性的延续。简单来说就是，对待不同种类的动物，人们负有的实际义务是可以有差别的。动物大致可以分为两类：野生动物与和驯养动物。目前来看，在医疗领域利用可以获得伦理上的辩护，但是，我们在利用驯养动物的过程中，仍要考虑不伤害义务，禁止无意义的滥养、滥用、滥杀实验动物的行为，停止没有科学意义或没有社会价值的相关动物实验。对于野生动物，我们负有的实际义务则主要表现为不伤害、不干涉。即尽量不干涉野生动物的生存，不随意破坏野生动物的生活环境，甚至在必要时建立必要的自然保护区，让野生动物得以顺利自我繁衍。尤其是涉及珍稀的濒危野生动物时，不伤害此类动物则是人们非常重要的义务。例如，我国传统中医药中曾经使用虎骨、犀角等动物药，但是随着自然环境的破坏和人类的过度捕猎，虎和犀牛这些原料动物濒临灭绝，即便这些药物具有明确的良好临床疗效，人类对待这类动物仍应该履行不伤害义务。

　　此外，人类在利用动物时，应履行人类对动物个体以及物种应尽的

<hr />

1　贺争鸣等：《实验动物福利与动物实验科学》，北京：科学出版社 2011 年版，第 606 页。

义务，对受到伤害的动物或其物种做出一定的补偿，以此实现人与动物之间的平衡与正义。例如，人类在利用动物进行试验的同时，尽可能地为它们创造舒适的生存环境，并对其伤痛给予适当的治疗和护理，并建立适当规模的自然保护区，使其物种得以保存和延续，等等。如果医学科学的行为主体在利用动物时，违背这些限制与约束，动物医疗应用的道德正当性也就丧失了。

三、以"互惠"为结果

目的论与结果论之争，是围绕对一项行为进行作道德评价所展开的。目的论主张对一个行为进行善恶评价的依据是人的动机和愿望，而结果论则把行为的后果视为评价行为善恶的唯一根据。需要注意的是，目的论和结果论二者，都犯了把道德行为过程的某一因素绝对化的错误。仅根据行为的目的或结果来对行为进行道德评价，无法得出正确而科学的道德评价结果。因此，只有辩证地认识和处理目的与结果的关系，才能做出科学的道德评价。因此，尽管通过之前的论证我们可以得出，动物医疗应用行为的目的和手段都具有道德正当性，但是，要想对动物医疗应用的行为作完整的道德评价，还需要进一步思考其结果正当与否，即考察其结果是否对社会发展具有促进作用。本书将从人类健康、动物健康以及生态环境的平衡这三方面分析其行为结果对社会发展的促进作用。

人们利用动物进行医学实验的主要目的和作用是通过对实验中动物生命现象进行分析和研究，并将其推广至人类，以此解决人类所面临和遭受的疾病困扰、身体衰老等问题，从而延长人类的生命时间和提高生命质量。将动物应用于医学动物实验研究、医学教育，把动物作为生产工具应用于疫苗和其他药物的生产，都为人类医学事业的发展和进步作出了巨大贡献，也为人类生命健康带来了极大福祉。自古以来，利用动物进行医学实验所获得的知识，挽救了数以百万人类的生命。生理学家巴甫洛夫指出，"整个医学，只有经过实验的火焰，才能成为它所应当成为的东西。""只有通过实验，医学才能获得最后的胜利。"[1] 概言之，人类通过动物医疗应用，探明了许多人类疾病的起因和发生过程，发明了新型治疗方法、预防模式以及能够缓解和治愈病痛的有效药物。因此，从健康生活层面看，动物在某种意义上也是人类追求幸福生活的重要支柱，动物医疗应用行为是人类健康事业的根基。

动物医疗应用的受益者，不仅仅只有人类，动物也是受益者。从概念和现实情况来看，动物医学（又称兽医学）与人体医学的理论基础互通，人体医学使用的药物、疫苗、治疗方法、手术类型等，也同样适用于动物医学，动物也可以从中获益。简单来说就是，与人类一样，动物也会出现身体和心理上的不适状态，因此专门对非人类动物的疾病的治疗方案和药物的获得、疫苗的制备原料及产品质量标准检定、畜牧兽医学教学实验及科学研究以及相关动物药品的生产也都离不开对动物的利用。随着人们生活水平的提高和精神生活的需求增长，伴随动物（即通常意义上的宠物）和观赏动物（动物园饲养）数量也越来越多，医疗应用领域对动物的各类研究成果也越来越多地应用到了这些动物身上，它们在人类的照顾和关怀下得以健康成长，生命得以最大限度的延长。辛格在为动物解放作辩护时批评大多数人都是物种歧视者，认为效用主义在计算行动的后果时不能只计算人的利益，也应计算非人动物的利益。事实上，根据这一要求，把非人类动物的利益计算在内的话，非人类动物从动物医疗应用中获得的整体健康利益也远远大于个体动物付出的痛苦和牺牲。尽管这种计算工作是困难的，但不可否认的是，动物的健康也是动物医疗应用的重要结果之一。

近些年来，犀牛、老虎、黑熊等野生动物几近灭绝，很多人认为，正是传统中医药中记载了很多野生动物具有极高的药用价值，导致人们以获取药用资源为目的盲目猎杀野生动物，才导致了野生动物数量的急

1　贺争鸣等：《实验动物福利与动物实验科学》，第 61 页。

剧减少。但是，如果仅仅把珍稀野生动物的减少和灭绝归因于传统中医药对动物的利用，未免失之偏颇。因为，商业化的捕猎、过度开采植物、生态环境的污染、人口的快速增长、自然资源的过度消耗以及野生动物本身残留种群基因交换机遇减少，近亲繁殖致使种群繁衍损害等等，这些也都是导致珍稀野生动物数量急剧减少甚至灭绝的重要原因。综合来看，动物医疗应用给生物多样性的减少并没有带来直接的毁灭性的伤害，应该客观和理性地对待。

事实上，如果人们能够在动物医疗应用的过程中严格遵守各地区相关的动物保护法，一般情况下并不会对生态环境造成严重的破坏。具体可以从以下几方面来看：

一方面，动物实验中对动物的利用不会造成生态失衡。举例而言，仅在美国，每年就有 2200 万只猫和狗失踪或者被主人遗弃、杀死。但是相比之下，每年只有 18 万只狗和 5 万只猫被用于医学研究，其中大部分用于实验的狗在实验开始之前已经因为各种原因而去世。因此到底谁是"敌人"？是每 7 年使用 5 只狗的科学家，还是我们的邻居，他们家的猫生下一窝不想要的小猫？[1] 尽管这个案例是用来说明"阿尔及利亚综合征"的，但这样一些数字也说明一个问题：动物实验中所用的动物总量并不占总数的大部分，事实上跟平常生活中的伴随动物或是观赏动物的数量相比仅仅是一小部分。因而，在医疗领域内利用动物，尤其是实验动物，并不会造成生态平衡的破坏和紊乱。

另一方面，生物制药的发展相对传统用法可以减少动物用量。近年来，生物制药在全球范围内广泛开展，大大提高了动物原料的生物利用度，定向提取重要的生物活性物质并改造天然活性成分，使减少动物用量也能获取定量的药用成分，这在很大程度上减少了医疗应用中动物利用的相对用量。另外，随着生物制药研究的深入发展，动物细胞工程的培养等新技术的开展，濒危药用动物的细胞培养成为可能。建立高产、

1　[美] 格雷戈里·E. 彭斯：《医学伦理学经典案例》第四版，第 253 - 254 页。

稳定的野生动物细胞株和大规模细胞培养体系，利用其培养细胞，中间代谢产物或细胞培养液等从中分离或诱生具有与野生动物原料药同样生物活性的物质，将扩大药物来源途径，进而达到保护濒危药用动物的目的，促进生态平衡。

另外，传统中医药的存在和发展也不会造成生态环境的失衡。如果传统中医药产业在涉及动物利用的范围内，能够严格按照国家的相关法律法规实现良性发展的话，是对生态环境的平衡有保护作用的。药用动物资源的开发利用与保护再生表面上是对立的，但如果能将二者关系协调好，合理的开发利用与保护再生是可以成为相辅相成的统一关系的。目前社会各界尤其是中医药学界和产业领域都加强了对药用动物资源的保护。麝、鹿等动物的人工养殖，人工牛黄、人工虎骨、人工麝香等代用品的开发极大地缓解了对野生动物资源的压力，在很大程度上是对野生动物的保护。就以养熊业为例，在"活熊取胆"事件闹得沸沸扬扬全国上下反对养熊取胆的呼声猛烈时，更应该冷静地看到无痛性"活熊取胆"技术的应用对野生黑熊事实上起到了积极的保护作用。一只养殖黑熊在现代技术条件下一年能取熊胆汁 2.46kg，这相当于 400 只野生黑熊的熊胆汁产量，换言之，"活熊取胆"一只养殖黑熊能挽救 400 只野生黑熊死于可能发生的乱杀滥捕。如果没有"活熊取胆"技术的应用和黑熊养殖业的发展，我国的野生黑熊可能早已面临灭绝的境地。

包尔生曾提出："根据行为类型和意志行为对行为者及周围人的生活自然产生的效果来说明善恶的区别，把倾向于保存和推进人的幸福的行为称作善的，倾向于扰乱和毁灭人的幸福的行为称作恶的"。[1] 从动物医疗应用这一行为的结果来看，动物医疗应用对人类的健康利益、非人类动物的利益以及生态平衡、人与动物和自然的和谐发展等都具有增进作用，因此从结果来看，动物医疗应用符合善的标准，具有道德正

1　[德] 弗里德里希·包尔生：《伦理学体系》，第 190 页。

当性。

　　由是观之，从动物医疗应用行为的目的、手段和结果这三方面因素综合考量，动物医疗应用的行为动机、行为过程和行为结果都具有可以得到伦理辩护的道德正当性，因而动物医疗应用行为是具有道德价值的行为。面对动物解放论和动物权利论对动物医疗应用提出的挑战与诟病，如果一味地追求看似高尚充满温情的动物的道德权利，忽视和违背人与自然的辩证关系，在医疗领域放弃对动物的任何利用，将会给人类和非人类动物以及整个自然界带来巨大的损失和灾害。事实上，既不需要从零开始重新设计所有的医学应用模式和相关制度，也不需要完全赞同某种乌托邦理想，正如马克思所说"只有在现实的世界中并使用现实的手段才能实现真正的解放。"[1] 我们实际要做的是立足现时现地，考虑如何改善动物医疗应用中存在的问题，尤其是一直争议不断的伦理问题，对于动物医疗应用设定合理可行的伦理边界，以便在实际应用中有矩可循，有界可控。

第三节　动物医疗应用的伦理边界

　　动物医疗应用的行为虽然具有道德正当性，可以得到一定立场的伦理辩护，但其道德正当性也是有一定限度的，即人类为了保存生命和维护必要的健康利益时，对动物的利用应在合理范围内，不能随意滥用。如果超过这一限度，将满足人类的生存和健康需要作为动物医疗应用的唯一目的甚至终极目的，并不考虑人类之外的动物和自然界其他存在物的生存和发展情况时，就会导致人在改造自然界实践活动中的异化，并对自然界整体生态环境产生极大的破坏作用，其行为也就失去了道德正当性。正如动物权利运动带给我们两项重要的理解：第一，动物并不是

1　《马克思恩格斯文集》第 1 卷，第 527 页。

人类的商品、资源、机器、物品、达成目的的手段或供我们使用的东西，而是具有感受能力（不管是疼痛或者受苦）及内在价值的生命。第二，我们对动物所作所为，必须有一个道德上的限制。通常以动物的"利益"或"权利"来传达这个想法。"动物权"或"动物权利"的语言，"指涉了强烈的道德义务，借由它，我们可以规范出一条较不具剥削性的人与动物共处之道。"[1] 可见，无论是从责任伦理的要求，还是作为对动物权利运动的回应，设定人类对动物利用行为在道德上的限制，即伦理边界，是无可回避的任务。

　　然而，长期以来，人们关注于如何利用动物获得人类生存和健康的利益，也关注于对动物权利的研究，强调要将道德关怀扩展至人类以外的动物和其他自然存在物，但在动物医疗应用领域，人类能在何种范围内利用动物又真正顾及动物权利的诉求，一直存在未能厘清的界限问题。本书顾及人类中心主义和非人类中心主义对待动物的不同态度和观点共识之处，借鉴国内外环境伦理学专家在考虑种际正义时提出的相关原则，并在考虑实践可行的基础之上，针对动物医疗应用这一具体讨论范围提出三点基本界限和规范：人类生存原则、人类基本利益优先原则、人类有限发展原则。

一、 人类生存原则

　　在人与动物关系中，人类保护自己及他人免遭动物伤害的行为是被允许的，即便该行为必然会导致对动物的伤害甚至杀戮，称之为人类生存原则。换言之，如果非人类动物对人类的生命和基本健康构成了威胁和伤害，那么，人类基于自我防卫消灭或伤害这些动物是被允许的。虽然生存原则带有某种直觉，一般情况下表现为"常识"的意义并见证于人们生存本身，但几乎所有活着的人都愿意肯定这一原则。人类世代繁

1　[英] 安德鲁·林基：《动物福音》，第53页。

衍延续至今日，也正是在生命过程中肯定这一原则并应用这一原则的结果。

然而，生存原则是不是道德原则，是否具有道德意义，或是具有何种道德意义，是首先要面对的问题。不涉及或不影响他人的个人行为通常被认为不具有道德意义，人们总是在一定程度上对影响他人的行为做出道德评判，或褒扬、或贬损。环境伦理学要求将人类的道德关怀扩展至人类以外的动物，因此，人类对动物的各种行为也要放到道德的天平上去衡量，当触及人类和动物利益冲突时，生存原则便具有了道德意义。在生存、自由、平等、尊严等诸多社会伦理原则中，保存生命无疑是最基本和最优先的原则，因为人们只有生存着才能谈得上其他种种，这一原则的重要地位在霍布斯那里尤为凸显，不仅仅是主要的和优先的，甚至几乎是唯一的。当然，这里并不是要宣扬"丛林法则"，在哲学伦理学视野里有许多向其他原则开放的可能与路径，但一般情况下生存原则总是最基本的。

安·兰德认为，"人体感受愉快或痛苦的能力是与生俱来的，是人的本性的一部分，这是人这种实体的一部分。对此他没法选择。决定他体验愉快或痛苦的生理感觉的标准是什么，他对此也没有选择。那个标准是什么？是他的生命。人体的'愉快——痛苦'机制也存在于所有具备感知能力的活的有机体体内，它是对有机体生命的自动保护。愉快的生理感觉是一种信号，暗示有机体正在进行正确的活动过程；痛苦的生理感觉也是一种信号，警告有危险存在，暗示有机体正在进行错误的活动，暗示身体的正常功能正在受到削弱，需要采取行动来纠正这种错误。"[1] 可见，当机体生命受到威胁时做出矫正是正常的应激反应，在人类遭受动物威胁时，为了保存生命伤害或杀死动物是可以被允许的。

一方面，人们所追求的幸福赖以存在的基础是生命的存在，而生命

1　[美]安·兰德：《自私的德性》，焦晓菊译，北京：华夏出版社2014年版，第7页。

本身就是幸福。每个人都有求生欲，每个人在正常情况下都爱惜自己的生命，生命的存在是人最根本、最重要的快乐和其他各种快乐的基础。马斯洛在谈需要的层次时指出，"基本需要在相对潜力原则的基础上按相当确定的层次排列。这样，安全需要比爱的需要更强烈，因为当两种需要都受到挫折时，安全需要以各种可以被证实的的方式支配着机体。在这个意义上，生理需要（它们位于最低的一个层次）强于安全需要，安全需要强于爱的需要，爱的需要又强于自尊的需要，而后者又强于个人特质的需要——我们称之为自我实现的需要。"[1] 马斯洛的这一论断阐明了低级需要强于或优先于高级需要，而高级需要则是在低级需要得到满足后的产物。人的一切需要和欲望都是在最基本的生理需要基础之上产生的，都是生理需要相对满足的产物，而生存是最基本的生理需要。没有了生命的存在，一切其他需要都是虚妄。因此，作为人类行为原动力的求生欲是人的本能行为，在人与动物利益冲突情形下，人为了保存生命而伤害、甚至杀戮动物是可以被允许的。

另一方面，在人与动物利益冲突的情形下，即便不考虑作为行为原动力的求生本能，也没有充分的道德理由在面对动物的伤害甚至死亡威胁时要求人类做出牺牲。这不仅在直觉或常识上不能被理解和接受，在逻辑上也没有合适的理论支持这一点。即便考虑物种平等的观点，承认动物与人类拥有一样的内在价值，仍然不能推导出在人与动物利益冲突的情形下，人类该放弃自己的生命利益来保全动物的生命利益。积极倡导动物权利的美国学者弗兰西恩也说，"在人类利益与动物利益真正有冲突的情况下，我们可以优先考虑人类的利益，但我们再也不应仅将动物视作达到人类目的的手段，从而人为地制造这样的冲突。"[2] 当然，这绝不意味着在任何情形下，人类的任何要求都应该得到尊重和满足，只有当动物对人类生命构成现实威胁和伤害时，才能够

1　[美] 亚伯拉罕·马斯洛：《动机与人格》第三版，许金声等译，北京：中国人民大学出版社 2007 年版，第 72 页。

2　[美] G. L. 弗兰西恩：《动物权利导论：孩子与狗之间》，中文版序第 2 页。

证明人类生存原则凌驾动物权利之上的行为是正当的。人类在满足了生理需要和安全需要的基础上还应充分重视爱的需要，对动物、对自然界的爱也是人类需要层次的一部分，是人类应该努力追求的稍高层次的基本需要。

二、 人类基本利益优先原则

人类基本利益优先原则是指人类用于满足自己或他人的基本需要的行为是允许的，即便该行为可能会损害动物的基本需要。基本利益通常是指那些能够使一个动物"过上一种与其物种的特殊本性相符的生活"的那些条件；非基本利益是指基本利益之外的其他利益。[1] 对人类来说，基本利益一般指生存、安全、健康和自由等这些基本条件，它们能使一些重要目标得以实现，是使人们生活能变得更有价值和意义的基础。在动物医疗应用中，为了人类基本的健康和生命安全利益，牺牲和损害动物利益是被允许的。叔本华指出："人类没有肉食营养，极难抵御凛冽的北方气候。用同样的理由也可以解释，为什么使用动物为我们工作是正当的；只有当人们过分役使它们干活时，那便是残忍了。"[2] 这段话很明确地表示了人类基本利益优先原则，在满足人类基本生存、健康需要时，利用动物的行为是正当的。同时这段话也对动物利用行为提出了明确的界限，当超出人类基本利益范围之外仍然利用动物，甚至奴役动物，便得不到伦理辩护。简言之，基本利益优先原则包含两方面内容：一方面，当人类基本利益与动物基本利益冲突时，可以优先考虑人类基本利益；另一方面，当动物基本利益与人类琐碎利益冲突时，优先考虑动物基本利益。

---

1   杨通进：《人对动物难道没有道德义务吗——以归真堂活熊取胆事件为中心的讨论》，《探索与争鸣》2012 年第 5 期。

2   ［德］叔本华：《伦理学的两个基本问题》，任立、孟庆时译、北京：商务印书馆 2013 年版，第 273 页。

医学是以健康为目的的科学，在此意义上，为了研究人体的生理机制和疾病的原因、机理，为了提高诊疗水平，改进诊疗措施以增进人类健康等纯医学目的的动物医疗应用行为是符合人类基本利益优先原则的。然而，在现实的医学实践活动中，医学目的经常会与其他目的交织掺杂在一起。有些科研人员把进行动物实验作为自己实现其个人价值的手段，为了获得更多的实验数据以提高自己的学术地位和影响；有的医学科研和生产机构，特别是医药公司的研发部门，其最重要目的是追求其机构的经济效益。应该承认，在市场经济条件下，医学科研人员追求个人自我价值的实现，医药企业追求经济效益也是情理之中的，但人类基本利益优先原则要求考量动物医疗应用行为的目的是否确实是为了实现人类基本利益需要，必须把实现医学科研人员的自我价值、医药企业的经济效益等等非单纯医学目的与以人类健康为目的的医学目的有机统一起来，把医学目的性原则作为前提和必要条件；在此情况下的动物医疗应用行为才能以符合人类利益优先原则得到辩护，那些忽视医学目的性原则而仅仅追求个人自我价值、单纯追求经济效益的动物医疗应用行为则是不符合这一原则而得不到伦理辩护的。

从人们的直觉出发，大多数人对于虐待动物有着天然的反感，对于动物的痛苦有着本能的同情，因而在对待动物医疗应用方面同样抱有抵触和反感的态度，甚至直接要求废除动物实验、禁止一切利用动物的行为。但一方面，直觉本身并不能够成为反对动物医疗应用的合理理由，因为直觉本身的片段性和不稳定性，缺乏实证经验支撑与逻辑思辨要求，不足以成为反对动物医疗应用的理论理由。另一方面，即便在动物解放论和动物权利论一再宣扬的"利他主义"理论体系下，如果放弃人类基本利益优先原则，便会造成各种怪异的双重标准和无法解决的实践冲突与矛盾。客观主义伦理学认为，"行动者必须总成为行动的受益者，人必须为自己的理性私利而行动。但是，他这样做的权利来自于他作为人的天性，来自于道德价值在人类生活中的功能。因此，这种权利只适用于这样的背景，即道德原则是一种理性的规范，能够得到客观的展示和证实，并且阐明并决定什么是真正的私利。"[1] 大自然并没有给人类提供与生俱来就具有的健康生活下去的方式和特性，而人类对于生存、安全、健康的渴望与追求无疑是符合人类最基本利益要求的，是一种理性的道德价值需求。

三、 人类有限发展原则

人类有限发展原则意指人类用于满足非基本需要中的琐碎需要的行为是应该被禁止的，用于满足非基本需要中的重要利益需要是应该经过慎重考量的，如果这些行为侵犯了动物的基本需要。人类非基本利益一般分为两类：一类是本身与尊重动物权利的态度不相适应甚至格格不入的琐碎利益，比如，用珍稀动物皮毛来制作服装或配饰，以显示尊贵身份与社会地位；另一类是与尊重动物权利的态度并非格格不入、水火不容的重要利益，例如，为建设重要公共场馆而占用动物的自然栖居地。

人类发展的需要在某种程度上是无止境的。罗尔斯顿认为，"人类对物种的形成过程获得了前所未有的理解，有着前所未有的能力，能预见自己的行为会产生的有意与无意的结果，也拥有前所未有的力量，可用于扭转不好的后果。如此强大的力量与远见所产生的义务不再仅是对个体生物的义务，也不再仅是对人的义务，而是正在形成一种对生命物种形式的义务。在今天这个诸多道德信念都不确定的世界里，如果我们还有理由主张人们不该无故杀害个体生命的话，那么，我们更有理由主张人类不应该无故地进行杀害物种的超级杀戮。"[2] 因此，在人与自然协调发展的生态实践中，必须适度控制人类盲目、无限制扩张和发展，必须严肃考虑动物在内的非人类存在物的基本利益，只有将人类发展的趋势控制在有限发展的节奏下才能使人类不过度消耗自然，从而维护人与

1　[美] 安·兰德：《自私的德性》，第 4 页。
2　[美] 霍尔姆斯·罗尔斯顿：《哲学走向荒野》，第 387 页。

自然的和谐共处。人类有限发展的原则正是基于当代环境伦理学所倡导的"人类对一切有生命之物至少有一种最低限度的义务，即没有正当理由时不能去终止它们的生命"[1] 这一基本要求之上的。

依照人类有限发展原则，在动物医疗应用的诸多行为中，那些不以治疗疾病为目的而是以使机体某些功能进一步增强的行为是需要慎重权衡的；那些不以治疗为目的而是以美容、保健之类为目的的损害动物基本利益的行为是需要禁止的。举例而言，就前文讨论的"活熊取胆"问题中，如果所取熊胆汁被用来作为严重肝胆疾病的临床治疗则可以被认为是正当的，如果所取熊胆汁被用来做解酒保健产品或美容护肤等非医学治疗目的的产品，则是不能得到伦理正当性辩护的，并且是应该禁止的。这一原则已被强调和关注动物福利的世界发达国家所运用，欧洲议会与欧盟理事会已经决定从 2009 年起在欧盟范围内禁止利用动物进行化妆品毒性和过敏反应等相关实验，也不允许欧盟成员国从国外进口和销售违反上述禁令的化妆品。[2] 虽然罗尔斯顿说我们有理由主张人们不应该无故杀害动物是"在今天这个诸多道德信念都还不确定的世界里"的语境里，但事实上，在道德信念方面，绝大部分人都可以确定的是，"对一切有生命物的无限同情，乃是纯粹道德行为最确实、最可靠的保证，这不需要任何诡辩。"[3] 并且，尽管人类对生命物同情的尺度以及动物承受的必要的痛苦的尺度人们会有不同观点，但绝大部分人也都承认慎重对待人类无限发展的需求，对人们利用和对待动物的方式采取一定形式的限制是具有重要道德意义的。

总体而言，在动物医疗应用领域，人类生存原则、人类基本利益优先原则和人类有限发展原则体现了一种出自道德理性的顾及原则和边界意识。就顾及原则而言，不仅考虑人类健康利益，也要顾及动物生存和发展利益；不仅考虑动物利用的结果，也要顾及动物利用的手段。就边

1　［美］霍尔姆斯·罗尔斯顿：《哲学走向荒野》，第 385 页。

2　贺争鸣等：《实验动物福利与动物实验科学》，第 289 页。

3　［德］叔本华：《伦理学的两个基本问题》，第 264－265 页。

界意识而言，应当明确在对待动物的行动和手段选择上是有着基本边界限制的，一般情况下不能越过这种限制。比如，一种野生动物已经处于濒临灭绝的边缘，即便它可能具有较高药用价值，在医疗应用中对该物种生存和保留的顾及原则就要推到优先考虑的位置，对待该物种的方式和手段都要以保存物种生存为基本边界，而不是肆无忌惮、毫无底线地追求人类的最大利益。

第七章　动物医疗应用的伦理规约与审查

　　基于整体生态观的理论体系与医疗应用中动物不可或缺性的现实考虑，能够为动物医疗应用行为取得一定立场的道德辩护，但在承认动物医疗应用的道德正当性之后，还必须在实践层面确定相关的伦理原则和规范。当前，我国传统中医药事业在走向世界，不断被国际社会认可和接受的同时，因其对野生动物的使用，以及"活熊取胆"之类的问题存在，也时常受到国际社会的质疑和批评。英美等西方国家认为东方医药（以传统中医药为主）中大量使用野生动物是导致犀牛、东北虎等动物急剧减少，甚至濒危的重要原因之一，并认为传统医药进入国际贸易市场会加大对自然资源的压力。虽然英美这种认为中医药事业是导致部分野生动物濒危的主要原因的看法是失之偏颇的，是不科学的，但也不可否认的是，以野生动物为原料的利用行为确实对野生动物的种群数量会有一定影响，如果不加以有效控制也会导致物种濒危或灭绝。因此，在我国中医药事业发展的特殊国情下，更应重视中医药生产领域利用动物的伦理实践问题，需要对中医药产业中的动物利用行为进行明确的伦理规约与伦理审查，以维护中医药事业可持续发展，并促进中医药事业迈向国际社会，与动物保护事业共同协调发展。

第一节　3R 原则的应用及拓展

伦理实践是以道德来规范人们的行为，协调人与社会、人与自然、人与人之间关系的活动，由于其跟生产实践、社会实践是同一序列的客观范畴，伦理实践最终都要依靠技术实践得以落实。近年来由于医学科学技术和哲学伦理学的共同发展，在动物医疗应用领域，技术或手段越来越趋向道德化，"3R"原则便是这种技术、手段道德化的典型代表，是动物医疗应用中的一种重要伦理实践方式。

一、 核心精神：替代、减少、优化与责任

"3R"原则是指在生物学实验中应当尽量采取替代（Replacement）、减少（Reduction）和优化（Refinement）的方案来对待动物。Replacement 是指用无知觉的物质来替代有意识的活体高等动物；Reduction 是指在获得预期数量和精度的信息基础上减少动物使用的数量；Refinement 是指任何在动物使用中非人操作过程的发生率或危害性的降低。[1]"3R"原则提出之后得到了多方关注，其理论内容也不断地得到完善和发展，有学者在"3R"基础之上提出了"4R"原则。研究和教育动物替代国际中心（I-CARE）认为，实验中使用的动物在完成实验后，应该享受到更好的礼遇，受到生理和心理关怀，实现第四种 R——"Rehabilitation"（康复）。位于美国芝加哥的国际伦理学研究基金会（IFER）认为非常有必要考证动物实验或替代方法得到的结果能否外延到人类，对"3R"原则补充了"Responsibility"，即可靠或依赖性，有研究者认为应该理解为"责任"，是指在实验进行过程中始终照顾动物，

---

[1]　贺争鸣等：《实验动物福利与动物实验科学》，第 604 页。

加强动物福祉，妥善处理动物尸体。[1] 无论第四种 R 是指 Rehabilitation 还是 Responsibility，"4R"原则的要义在于，要求人们在生物学实验中进一步增强动物伦理观念，是对"3R"原则的一种理论补充。

在理论层面，"3R"原则提出的价值导向总体上是以保护动物为主要方向的，它所倡导的"减少"、"替代"、"优化"的核心精神和责任感，一方面肯定了动物利用的必要性和合理性，另一方面也对动物医疗应用行为的科学管理提出了符合动物福利要求的指导性方针。作为处理动物权利与生命科学实验冲突的一种重要策略，它建立在中立、客观和实践的基础之上，在追求真的同时也追求善。仅仅从逻辑上去推导"动物是否拥有与人类平等的道德权利"、"动物医疗应用正当与否"都远远不够，真正有意义的生命伦理学研究不仅仅要关注从逻辑上推导动物是否拥有跟人类平等的道德权利，是否可以为了人类健康事业而利用动物，还应当关注理论在实践领域的实际应用问题。"3R"原则体现了在医疗应用过程中行为者对待动物所具有的一种同情态度、一种善的方法和一种伦理关怀原则。这在一定程度上顺应了非人类中心主义哲学提出的重视动物内在价值的伦理要求，兼顾了现实发展与理想诉求的价值平衡，体现了医疗应用中对待动物的人道主义精神，也是人类中心主义观与非人类中心主义观这两种不同哲学观点互相融合的重要理论成果。

从现实作用看，"3R"原则在一定程度上缓和了科学实验中的动物应用与极端动物保护组织反对利用动物进行试验的剧烈冲突，而且对规范动物实验，合理利用动物资源，并推动生命科学发展起到积极作用。"3R"原则的应用不仅能够促进动物实验的规范化与标准化操作，而且按照"3R"原则标准进行动物实验过程中，动物的身心状态都是最接近自然条件的一种良好状态，这对实验结果的准确性和可靠性都有重要的影响。在"3R"原则指导下，所有医学实验中动物的痛苦不再是笛卡尔声称的"只是机械的震动声而已"，它们有血有肉，它们的痛苦也牵动

1　贺争鸣等：《实验动物福利与动物实验科学》，第 605 页。

带给它们痛苦的医学科研、生产行为者，它们付出的痛苦甚至牺牲为人类所怜悯和感恩。

二、 拓展理论：尊重、审慎、仁慈与感恩

尽管"3R"原则在动物医疗应用中已经被广泛关注，但在实践过程中，仅有原则性的理念似乎还不够，本书根据"3R"原则中"替代"、"减少"、"优化"和"责任"的核心思想，提出更为具体的"尊重"、"审慎"、"仁慈"和"感恩"等道德要求和实践措施，作为"3R"原则的扩展，以期对动物医疗应用的实践行为起到更为细化的指引作用。

尊重动物是"3R"理论指导下最基本的道德要求和实践措施之一。前文我们已经论证了，在道德共同体中，非人类动物虽然无法承担道德义务，但却可以享有一定程度的道德权利，这种不对称性体现了人类在自然观上的道德自觉，是人类道德与文明进步的表现。衡量对待动物的行为是否合乎伦理要求的尺度之一就是看它是否把动物看作道德关怀的对象给予应有的尊重。正如汤姆·雷根在论证动物权利时先借用人权来说明尊重的重要性那样，"无论我们的差异有多少，我们的道德权利是一样的。这些道德权利是要保护我们最最重要的东西：我们的生命，我们的身体，还有我们的自由。不仅如此，它们所提供的保护不是一点，而是很多。我们的权利——你的和我的，还有那些在塔斯克吉研究中受到虐待的人们权利——应当受到尊重，即使他人能从对我们权利的侵犯中获得极大的利益也是如此。在道德世界中，没有比我们受到尊重的对待的权利更重要的了。"[1] 对动物的尊重主要体现在两个方面：一方面，对动物个体的尊重；另一方面，对动物物种的尊重。就动物个体而言，人类所获得的基本健康利益都是以动物个体遭受痛苦和死亡为代价的，

---

1   ［美］汤姆·雷根：《打开牢笼：面对动物权利的挑战》，莽萍、马天杰译，北京：中国政法大学出版社 2005 年版，第 66－67 页。

人们应当以敬畏之心面对动物所遭受的痛苦和伤害，并在实践过程中尽量减少动物的痛苦，尊重动物生命，对感知能力强的高级动物更应如此，对痛苦和快乐的感知能力与中枢神经系统的复杂程度相关，中枢神经系统发育越完善和复杂，其对快乐和痛苦的感受能力就越强烈。因此，在进行必要的动物实验研究时，在不影响研究成果的前提下应该尽量选择感知能力较弱的动物，此即"3R"理论原则中的"替代"和"优化"的核心思想。就物种而言，一个物种的灭绝不仅意味着自然界失去一种遗传资源，更大的损失是失去一个自然的奇迹，进而失去自然的多样性、失去美，而这些损失和变化都是不可逆的。个体的消亡可以通过其他同类个体的繁殖来替代和延续物种的生存，但物种的消亡却是无法替代的。提倡尊重动物的物种利益，实质上是要求在动物应用过程中牺牲人类的商业利益以保护濒危物种。换言之，在医疗应用中，即便要牺牲人类可能得到的健康利益，也应该以保护濒危动物物种利益为优先秩序，此即"3R"理论原则中"责任"和"减少"的核心思想。

在尊重动物的基础之上，审慎对待动物是动物医疗应用中重要的道德要求，落实到实践中，具体体现在合理安排科研、教学以及生产设计，做到动物资源利用效率最优化。正如施韦泽指出的，"给动物做实验手术，让它们服用实验药品，或者使它们染上某种疾病，由此获得的成功虽然有助于人类；但是，对于这类残酷行为，人们绝不可以由于它会带来有用的结果而心安理得。在任何情况下，人们都必须慎重考虑，是否真的有必要为了人类而牺牲这些动物。"[1] 具体而言，在安排科研、教学以及生产设计方面，必须慎重审查行为目的，确保开展实验、生产的正当性依据充足、有效。慎重设计试验、生产程序，确保实验、生产过程必须合理，在此过程中尤其需要注重试验策略的安排。在适当情况下实验策略应采取梯度或分级方式，以将需要进行的动物实验数量和进行动物实验所导致的疼痛或痛苦降至最低限度，在进行适宜的、科学认

1　陈泽环：《敬畏生命——阿尔贝特·施韦泽的哲学和伦理思想研究》，第 18 页。

可并合理实用的体外试验以及结果评价之前不进行无必要的动物试验。慎重对待实验结果，确保预期成果要能有足够的可控性。慎重对实验动物的伤害进行评估，适时适度停止可能的进一步伤害。慎重对待动物福利要求，在医疗应用过程中必须体现动物福利原则，比如，必须根据其品种及需求进行喂养及合理安顿；不允许对其先天性所需的活动加以过多限制，以致其痛苦或遭受本可避免的伤害；必须掌握适用于该动物的饲养、照料及合理安顿的相关知识及技能；必须熟练掌握对动物体进行实验操作的知识及技能；禁止不使用麻醉剂即对脊椎动物施行伴有痛苦的手术；脊椎动物只允许在麻醉状态，或者在特定情况允许时以避免其痛苦的方式处死动物。[1]

　　"正是由于动物作为实验动物以其痛苦为医治人的病痛提供了有益的借鉴，从而在它们和我们之间，一种新的、独一无二的团结关系被建立了起来。由此，对于我们每个人来说，也产生了尽可能善待动物的必要。"[2] 施韦泽所说的善待动物，也就是仁慈对待动物的道德要求，落实到具体实践中则表现为严禁虐待实验动物，加强实验（生产）结束后的动物处理工作，包括仁慈终点、安乐死的选择、动物尸体处理以及部分实验动物的养老问题等方面。当前，医学院校以及初高中课程都有动物实验的安排，但动物实验过程中学生对待实验动物的情况却不容乐观。一份对医学生在动物实验中生命伦理意识的调查分析报告指出，18.9％的人心情好时则会多善待实验动物，心情糟糕时则会虐待动物，另有27.9％的学生表示对待动物的方式有时受心情影响，只有53.2％的学生不会受心情影响。[3] 这样的一份调查报告也许不足以全面反映全国医学院校的医学生对待动物实验的整体情况，但至少能反映出部分地区医学生对待动物实验的态度和处理方式没有严格遵循"3R"理论的要求，甚

1　贺争鸣等：《实验动物福利与动物实验科学》，第 352 页。

2　陈泽环：《敬畏生命——阿尔贝特·施韦泽的哲学和伦理思想研究》，第 18 页。

3　王强芬：《医学生眼中的动物实验生命伦理意识调查及分析》，《医学与哲学》（人文社会医学版）2010 年第 10 期。

至离"3R"理论所提倡的动物福利要求相距甚远。因此，必须加强对动物实验操作者尤其是广大医学生进行"3R"理论知识的宣传和教育工作，严禁在实验过程中虐待实验动物。除非有充分的实验需要和理由，一般情况下不允许挑逗、激怒、殴打、电击实验动物，不允许用带有刺激性的食品、化学药品、毒品伤害实验动物；不允许无故损害实验动物器官。仁慈对待实验动物的道德要求，不仅仅体现在动物实验的过程当中，在动物实验（生产）结束后的动物处理方面也应做到仁慈对待。在那份医学生的动物实验生命伦理意识调查分析报告中也对"如何处理为你牺牲的实验动物"作出了相关数据统计，32.45％的学生能对实验结束后的动物进行完肤处理；10.2％的学生能对牺牲动物表示伤心和缅怀；50.2％的学生选择直接丢弃，7.1％的学生选择肢解后丢弃。[1] 更有甚者，在做完实验后将实验动物（最常见的是实验兔）烹煮下肚，使之成为饭桌上的美餐。显然，无论是直接丢弃、肢解后丢弃还是食用实验动物都极不符合仁慈对待实验动物的道德要求，应该严格禁止该类行为。对于实验（生产）动物尸体的处理必须根据国家、地方和相关机构的规定，本着保证人畜安全、防止病原体扩散、保护生态环境的原则加以妥善处理。概言之，仁慈对待实验动物的要求就是要在动物实验（生产）的每个环节都将对动物的伤害程度降到最低，使动物福利原则落到实处。

在尊重、审慎、仁慈对待动物的基础之上，还应对动物付出痛苦和牺牲、为人类换来健康利益抱有感恩之心，敬畏之情。在医学领域，每一个新药的发明，每一项新的外科手术的创造，等等，每一项重大成果的背后都有无数为此付出自由和生命的动物们，因此，不仅仅是动物实验参与者，还包括每一个享受医疗成果的人们，都应对实验（生产）动物怀抱感恩之心。1979 年，英国反活体解剖协会（NAVS）提出将每年

1　王强芬：《医学生眼中的动物实验生命伦理意识调查及分析》，《医学与哲学》（人文社会医学版）2010 年第 10 期。

的 4 月 24 日定为世界实验动物日，以纪念实验动物为生物医学事业作出的贡献和为人类健康作出的牺牲。在日本，凡应用动物进行教学、科研、生产的大学和科研院所每年都要定期举行实验动物的慰灵仪式。在我国，对实验动物的感恩教育也在医学院校和科研院所不断展开，一些医学院校专门为实验动物修造了慰灵碑，感恩和纪念为人类健康事业而献身的动物们。慰灵碑的作用在于：一方面，人们以此铭记、感恩为人类健康事业作出巨大贡献的动物；另一方面，以此警示动物实验研究人员关爱实验动物，善待实验动物。另外，慰灵碑的存在和相关祭奠活动也为人们抒发动物保护情结提供了渠道。正如施韦泽说"什么时候，所有由于必然性而强加给我们的一切杀死行为能够在悲哀中发生呢？"[1] 不管是以纪念日的方式进行纪念，还是以"慰灵碑"的方式进行缅怀，各种形式的对实验（生产）动物的感恩和缅怀都有助于增强人类对待动物的责任感，从而在实践运用中切实保护动物福利。

第二节　弘扬生态诚信，重视人对物种的义务

上述"3R"原则及其拓展是动物医疗应用领域的通用原则，中医药产业中的动物利用行为自然该遵循"3R"原则理论。对于中医药产业而言，由于其涉及将大批量的动物用于药品生产的情况，这是一种典型的生态生产实践。生态生产实践最常见的问题便是物种问题，大批量的生产会导致物种减少或灭绝，进而引起生态环境危机问题。因此，有必要对医疗生产领域的动物利用提出与生产环节更为契合、更为具体的伦理要求。在人与自然的关系中，并没有、也不可能有一个与社会契约平行的生态契约，权利和义务在人与自然的生态关系中是不对等的。生态伦理的进步之处，正是在于通过对道德共同体的边界扩展，将人类的道德

1　陈泽环：《敬畏生命——阿尔贝特·施韦泽的哲学和伦理思想研究》，第 19 页。

关怀范围扩展至人类之外的存在物，从而实现对人与自然实践关系的认识论转变。在人与自然的关系中，即便没有契约式的权利与义务的关系，生态伦理仍然要求人类对非人类物种负有关怀的道德义务，濒危动物物种作为可能消失的生命形态更值得关注和保护。正如罗尔斯所言，"毫无疑问，残酷地对待动物是错误的，消灭一个种系可能是一种极大的恶。"[1] 生态伦理的道德原则需要一种内在动力将这些原则落实到人类生态实践中，而这种内在的动力只有人的生态诚信才能担当。生态诚信意指人与自然关系中，人的道德自我的生态重塑及其对象性实现。"传统的诚信观念指向的是人与人之间的道德关系，其对象域是人际道德共同体；生态诚信指向的是人对自然的道德关系，其对象域是生态系统或生命物质共同体。"[2] 在对非人类动物物种的义务面前，生态诚信关注的是作为道德主体的人如何把实践主体的道德诚信传递到无主体性的实践对象那里。这就要求在人的实践活动中，完成人对自然的习惯性认识和处理方式的转换，从征服自然转为尊重自然，从控制自然转为保护自然，以生态诚信的伦理方式去对待人类对于物种的义务。

一、 落实人对动物物种的保护义务

在传统中医药应用中，药用动物多为野生动物。长期以来，动物药以天然采收的形式应用于中药的生产利用，主要方式为涵养资源、合理采收，保持利用。然而近年来，商业利益刺激下的盲目、掠夺式采收以及人类活动范围的不断扩大和生态环境的破坏，致使多种药用动物资源数量急剧下降，药用动物的生态多样性逐渐减少，部分药用野生动物物种已处于濒危或绝灭境地，资源利用难以为继，进而使部分中医药产品因为重要动物药的缺失导致临床疗效降低，甚至停产。当人类行为危及

1　[美] 约翰·罗尔斯：《正义论》，第 404－405 页。
2　郭健彪、陶火生：《生态诚信：生态伦理实践的自律之维》，《当代世界与社会主义》2009 年第 6 期。

物种时，便会影响到整个生态平衡，这也就涉及到人类对物种的义务问题。因而，在动物医疗应用的生产领域，特别是对具有中国特色的中医药产业而言，提出将生态诚信的内在要求，将人类对物种的保护义务落实到生产实践中，具有特别重要的意义。针对药用动物的不同类别有相应的不同要求，分别对濒危野生动物、一般野生动物以及人工繁育动物来分析和阐述。

（一）禁用濒危野生动物

一般而言，濒危动物指由于物种自身的原因或受到人类活动或自然环境的影响而有灭绝危险的珍贵、稀有的野生动物。从野生动物管理学专业角度看，濒危野生动物特指《濒危野生动植物种国际贸易公约》(CITES) [1] 附录名单中所列举的动物，以及国家和地方明确提出需重点保护的野生动物。濒危物种的特殊性就在于"濒危"二字，即面临灭绝。物种灭绝是一种生命形式发展过程的终止，无论是人类以其行动促成了某一物种的灭绝，还是以其漠然让某一物种走向灭绝，都是一种历史性的遗传信息的永远丢失。在自然史上，一种生命形式威胁着其他众多生命形式的问题从来没有像当今这样突出过，人类对物种的形成过程获得了前所未有的理解和干预能力，如此强大的力量所产生的义务不仅是对生物个体的义务，也不仅局限于对人类的义务，还应包括对生命物种的义务。生态伦理维度下对物种的义务体现为人对濒危野生动物的实践活动应当受到相应的伦理规约，即以生态诚信作为人对野生濒危动物

1　1972 年 6 月在瑞典首都斯德哥尔摩召开的联合国人类与环境大会全面讨论了环境问题，特别是濒危野生动植物保护问题，提议由各国签署一项旨在保护濒危野生动植物种的国际贸易公约，这标志着联合国开始全面介入世界环境与发展事务，被誉为是世界环境史上的一座里程碑。1973 年 3 月 3 日，有 21 个国家的全权代表受命在华盛顿签署了《濒危野生动植物种国际贸易公约》，又称《华盛顿公约》(CITES)。1975 年 7 月 1 日，该公约正式生效，截至 2004 年 10 月，有 166 个主权国家加入，中国于 1980 年加入该公约，1981 年该公约在中国正式生效。该公约的宗旨是通过各缔约国政府间采取有效措施，加强贸易控制来切实保护濒危野生动植物种，确保野生动植物种的持续利用不会因国际贸易而受到影响。该公约制定了一个濒危物种名录，通过许可证制度控制这些物种及其产品的国际贸易，由此而使该公约成为打击非法贸易、限制过度利用的有效手段。

物种的内在德行要求，对野生濒危动物物种予以尊重和保护。

保护濒危动物首先是保护它们的野外种群和个体不受过度惊扰和未经许可的捕猎。其中，未经许可不能私自捕猎濒危野生动物是保护的关键措施，对现有濒危野生动物个体的保护结果直接关系到濒危物种种群生存和延续的情况。在中医药生产应用中，即便药用动物有较高的临床价值（例如作为虎骨和犀角药材来源的虎和犀牛），但如果是野生濒危动物物种，也应该放弃其临床应用价值，禁止捕猎使物种得以生存和延续。这是人类对物种的生态诚信所应有的基本之义。目前，《国家重点保护野生动物名录》收载保护动物257种，其中有药用记载或具药用价值的有161种（类），其中属一级保护的有48种，如虎、豹、赛加羚羊、亚洲象、梅花鹿等；属二级保护的有113种，如穿山甲、棕熊、麝（类）、玳瑁、蛤蚧等。[1] 可见，目前药用野生动物生存形势已然严峻，很多品种已处濒危或灭绝状态。基于物种的延续和生态多样性的考虑，对于濒危野生动物应予以特别保护，禁止猎杀野生濒危动物、建立野生濒危动物自然保护区、禁止在本国范围和国际范围内走私和贩运野生濒危动物物种。

除自然因素和人工捕猎的因素外，造成许多野生动物处于濒危境地的原因还有人类现代化生产和各种商业开发活动。现代化生产和商业开发容易对传统自然环境造成各种形式的破坏和污染，使得野生动物栖息生存的环境发生改变，进一步导致野生动物种群内动物个体的死亡以及繁衍的断裂。部分处于食物链顶端的大型野生动物，诸如华南虎、东北虎等，由于其种群数量本身就很少，一旦遇到栖息地环境的破坏和食物链的急剧变化，很容易间接地自然死亡，从而变成濒危种类。因此，在人类生活范围不断扩展的时代，建立濒危野生动物自然保护区是一项非常必要的工作，尤其是具有较高药用价值的濒危野生动物，如果继续毁损其栖息地生境或漠然观其灭绝和消亡，也必将损失一部分人类健康的

---

[1]　王文全：《中药资源学》，北京：中国中医药出版社2012年版，第141页。

利益。建立濒危野生动物自然保护区主要在于对濒危野生动物栖息地的保护。具体而言，保护濒危野生动物的生存环境、繁殖条件、取食区域、求偶或迁徙通道，使其能够在熟悉并适应的环境中栖息、繁衍。另外，对于部分很难在自然条件下繁衍或是种群内个体数量已经无法通过自然繁殖来延续并扩大种群的濒危野生动物，可特别批准相关动物救护繁殖单位采取人工繁殖措施，以帮助濒危动物扩大种群。对此，《中华人民共和国野生动物保护法》第十七条明确规定：国家加强对野生动物遗传资源的保护，对濒危野生动物实施抢救性保护。

　　长期以来，野生濒危动物遭受疯狂掠夺式捕杀的最根本原因还是在于丰厚经济利益的驱使，尤其是具有重要药用价值的野生濒危动物，因其数量极少，获取后的利润极大刺激了捕猎者即便是铤而走险也会想尽一切办法去猎杀，从而获取利润。然而，伴随这种猎杀的后果是野生动物种群内个体数量的进一步减少，其下一次获猎后的利润会更高，这便再次刺激捕猎者获利的欲望和动机，从而陷入将野生濒危动物终将逼入灭绝境地的恶性循环。因此，禁止国内、国际贸易中野生濒危动物的非法销售和流通是缓解野生濒危动物资源急剧减少的现实之举。为切实加强禁止国际贸易中的野生濒危动物交易，我国于1980年加入了《濒危野生动植物种国际贸易公约》（CITES），该公约1981年4月8日对我国正式生效。1988年11月8日，全国人民代表大会常务委员会通过了《中华人民共和国野生动物保护法》，以野生动物保护、野生动物管理和法律责任为核心内容，对野生动物的保护起到了非常积极的作用，该法已于2018年重新修订，是我国现阶段动物保护领域最重要的法律依据之一。国务院于1993年5月发出了《关于禁止犀牛角和虎骨贸易的通知》，任何单位和个人不得运输、携带、邮寄犀牛角和虎骨进出国境；禁止出售、收购、运输、携带、邮寄犀牛角和虎骨。取消犀牛角和虎骨药用标准，今后不得再用犀牛角和虎骨制药。中国药典委员会随后在《中国药典》中删除了虎骨、犀牛角，在后续修订中又删除了熊胆、豹骨等涉及濒危野生动物的药材。2010年版《中国药典》明确表示，为了体现对野生资源保护和中药可持续发展的理念，不再收载濒危野生药材。2017 年施行的《中华人民共和国中医药法》中第二十五条明确规定：国家保护药用野生动植物资源，对药用野生动植物资源实行动态监测和定期普查，建立药用野生动植物资源种质基因库，鼓励发展人工种植养殖，支持依法开展珍贵、濒危药用野生动植物的保护、繁育及其相关研究。

上述举措在法律层面上有效遏制了野生濒危动物的正常贸易活动，对保护野生濒危动物起到重要的作用。但也应该看到，在现实生活中，在禁止这些以濒危野生动物为原料的药材正常贸易流通后，仍然存在大量的走私贩卖等非法交易行为，使本来就数量不多的这些濒危药用野生动物更面临着日益严重的威胁和悲惨处境。因此，在现行的法律法规基础之上，真正杜绝国内、国际贸易中的野生濒危动物流通现象还依赖于生态诚信的内在道德要求。只有当人将对生态、对野生濒危物种的负责义务内化为自身的行为准则时，才能彻底杜绝盲目无度的猎杀行为。对此，需要将生态伦理的观点和生态诚信的要求通过教育、宣传等途径深入到人心，从而改变人们传统的自然观和价值观，提高人民素质，使保护濒危野生动物内化为人们生活实践中的道德自觉行动。

（二）节制利用、积极保护野生动物资源

在医疗应用领域，实验动物和移植动物以及生产动物中疫苗、生物制剂的生产所用的动物通常为人工驯养动物，这类动物因数量的庞大和繁衍控制技术的成熟，一般情况下不会使动物种群数量减少而导致物种消亡。但在我国具有特色的传统中医药应用中，药用动物多为野生动物，而野生动物因其生存条件和种群数量的限制，如果过度利用极易造成这些普通野生动物转为濒危野生动物，甚者造成野生动物物种灭绝。1988 年的《中华人民共和国野生动物保护法》第一条规定，"为保护、拯救珍贵、濒危野生动物，保护、发展和合理利用野生动物资源，维护生态平衡，制定本法。"2018 年重新修订过的《中华人民共和国野生动

物保护法》第一条内容改为"为了保护野生动物，拯救珍贵、濒危野生动物，维护生物多样性和生态平衡，推进生态文明建设，制定本法。"可以看出，国家在立法层面已经在语言表达上透露出明显的弱化"利用"、强化"保护"的倾向。因此，在传统中医药应用中，对野生动物的利用必须节制、合理，将利用的范围和程度控制在自然供给能够承受，并且使被利用动物种群内个体数量能够至少维持在一定数量范围内，这样才能实现中医药事业的可持续发展。

亚里士多德指出，"节制的人欲求适当的事物，并且是以适当的方式和在适当的时间，这也就是逻各斯所要求的。"[1] 在中医药产业中，节制利用野生动物也就是要求做到以适当的方式、适当的时间和适当的数量去获取和利用资源。由于野生动物是可再生资源，如果以适当的方式、适当的时间、适当的数量进行可持续的合理利用，是能够取得中医药健康事业的发展和野生动物种群数量稳定生存的双重效应的。同时，在节制利用之外，还应积极保护野生动物资源以寻求人与动物、人与自然更为健康、和谐相处的生态模式。积极保护野生动物资源符合生态文明建设的整体要求，也是我国中医药事业持续发展的重要条件。作为资源意义上的野生动物保护，意指尽量全面地、妥善地保护现有的动物资源的数量以及特定的遗传属性，使之免遭基因混杂和物种灭绝，并在此基础上促进繁衍以增加种群内个体数量以实现其能够作为资源的价值。

在具体保护措施方面，当前有三种主要形式：就地保护、异地保护和离体保护。就地保护主要在于加强野生动物自然保护区的建设和管理。保护野生动物的根本性有效措施是保护其生存、生活的栖息地。在商业开发范围不断扩大的现代社会，保护野生动物栖息地的主要途径是建立野生动物自然保护区。作为药用野生动物资源，可根据其生活属性和种群数量特点以及药用价值需求，建立专门的药用野生动物自然保护区予以保护。对于中医药领域动物药的生产实践而言，还有个特殊性在

1　[古希腊]亚里士多德：《尼各马可伦理学》，第94页。

于中医药应用中强调道地药材的使用。道地药材是指传统中药材中具有特定种质、特定产区、特有生产技术或加工方法而生产的质量、疗效优良的药材。也就是说，道地药材是指在一定自然条件、生态环境的地域内所产，且生产区域较为集中，规模较大，栽培及采收加工技术也有一定的规范，其品质较其他产区所产的同种药材为佳，经长期医疗实践证明疗效较好的药材。[1] 道地药材是人们在长期的医疗实践中积累起来的丰富药物知识和经验的成果，虽以植物药为主，但动物药的生产也遵循道地药材的原则，如四川的林麝、广西的蛤蚧等等。因此，在对药用野生动物物种进行保护的时候，应特别考虑药材的道地性要求，尽可能实现原地复壮。药用野生动物的个体和种群都有自己适应的最佳生境，环境条件对其形态、结构、生理性能和遗传性状等都有密切联系和深刻影响，环境变化可导致物种形状的改变，物种性状的改变又可导致产品性能的改变。因此，对药用野生动物生存环境和原种的保护是一项非常必要的工作。如果因生态环境产生变化或其他因素造成原地复壮不可能实现，异地保护也是重要的保护方式之一。异地保护主要有引种放养和动物园饲养两种形式，就资源利用的角度考虑，引种放养是主要的异地保护方式。一方面，针对某种群曾经在此分布但现已灭绝的地区，在自然环境适宜的情形下从异地引进该物种的活体用于建立新的种群；另一方面，针对某现存个体数量极少的野生种群从异地补充新的同种活体，以充实该地区野生种群的数量并促进其繁衍、发展。引种放养能够在一定程度上扩大野生动物种群数量，但也必须慎重考虑引种放养后扩大的野生动物种群对当地原有的其他野生动物种群的影响，努力维护生态平衡发展。在药用野生动物保护方面，离体保护是近年来兴起的一种新的保护手段，主要是指利用现代生物技术来保存野生动物的整体，某一器官、组织、细胞或原生质体等，目的在于长期保留药用野生动物的种质基因，为能够后续开发利用储备物质基础。

1　王文全：《中药资源学》，第 55 页。

（三）适度利用人工繁育动物

我国是一个有着 13 亿人口的大国，各种资源需求总量巨大，医疗资源也同样如此。在我国中医药领域，动物利用如按传统模式仍以野生动物资源为主，不仅难以满足如此庞大人口的健康需求，还会导致野生动物资源被消耗过度从而使越来越多的野生动物物种陷入灭绝的境地，同时使整体生态环境遭到破坏，中医药产业的发展也将因药用动物资源的缺失陷入困境。因此，在对野生动物资源进行节制利用和保护的同时，还应加强人工繁育和驯养技术的研究，在动物医疗应用尤其是中医药领域的生产应用中，适度利用人工繁育动物以减轻对野生动物种群依赖的压力。最新修订的《野生动物保护法》第二十九条规定，"利用野生动物及其制品的，应当以人工繁育种群为主，有利于野外种群养护，符合生态文明建设的要求，尊重社会公德，遵守法律法规和国家有关规定。野生动物及其制品作为药品经营和利用的，还应当遵守有关药品管理的法律法规。"

目前，我国野生动物的人工繁育技术已经取得长足进步，全国各地陆续建立了规模大小不等的濒危动物救护、繁育基地，相当数量的专业技术人员从事濒危动物的救护和驯养繁育工作。就药用动物而言，诸如鹿、全蝎、哈士蟆、蜈蚣、龟鳖和熊等人工驯养繁殖均已取得技术上的成功。开展人工驯养繁殖后的熊、鹿已能基本能够满足医疗产品需求。以棕熊为例，若抛开"活熊取胆"是否虐待动物的争议不谈，就资源利用角度而言，一头人工繁育的棕熊在无痛技术下可获取的熊胆粉年产量相当于猎杀上百头野生棕熊能获取的熊胆粉产量，这在现实意义上切实保护了野生棕熊在野外的种群数量。然而，在我国，人工繁育野生动物行业也存在很多现实问题，这也是本书强调要"适度"利用人工繁育动物的原因所在。当前我国对人工繁育缺乏严格有效的规范性限定，这使部分企业和从业人员有机可乘，假借人工繁育的名义不断扩大产能，过度消耗动物资源，更有甚者在人工繁育并不充足的情况下非法猎取野生动物资源，以人工繁育之名瞒天过海，获取非法利润，这种现象最为常见的是蛇类资源。还有部分机构为研究人工繁育技术，大量猎取野生动物资源，使本来种群内个体数量就很少的野生动物在野外的境遇更陷入困难之中。因此，为解决在人工繁育过程中利用无度的问题，在技术层面，应尽快制定适合我国国情的人工繁育动物的规范化要求和行之有效的管理政策；在理论层面，应积极引导生产实践符合生态伦理规范要求，弘扬生态诚信，加强生态文明建设，提高医药生产企业的企业社会责任感和相关从业人员的道德素质，将生态诚信落实到生产实践过程中去。

二、　合理发展动物药的代用品

尽管人工繁育技术给医疗领域的动物利用开拓了更广阔的利用空间，但必须清醒地看到，人工繁育技术在很多物种那里都还不成熟，还不能在现实生产层面开展应用。在野生动物资源数量急剧减少、现代化商业开发和生产仍在不断威胁野生动物种群数量的情况下，必须合理发展替代品研究、扩大动物药制品原料来源，才能满足庞大的医疗应用需求，这也是"3R"原则中"替代"原则的核心要义。一般而言，代用品研究有三个方向：动物制品代用、生物制品代用和人工制品代用。

动物代用品的研究是合理开发利用药用动物资源的重要途径，一般遵循功效相似、材料易得、符合生态平衡的原则，确保动物代用品在生物类群、化学成分与生理活性等方面与原材料尽可能相似、接近。目前常见的代用方式有两种情况：一是不同药材的相同部位，如用山羊角代替羚羊角，水牛角代替犀牛角等；二是同种属或亲缘关系接近的种属生物，如豹骨代虎骨、繁殖能力强的缅甸陆龟龟甲代替繁殖能力弱生长缓慢的药典种乌龟的龟甲等。动物代用品的研究既能保护濒危野生动物物种，又能开发新的药用动物资源，在缓解野生动物物种减少压力的基础之上开发新的资源增长点，是一项现实而有意义的工作。但作为仍然需要利用动物，以动物为原材料的一种相对原始的方式，任何动物代用品的开发和利用都必须以维护生态平衡和生态多样性为基础。否则，新的代用品种群数量也将会面临减少或灭绝的风险。

近年来，生物工程技术是医学科学研究的热点和重点，世界各国均广泛地开展了药物的生物工程研究和应用。在传统中医药对动物药的应用中，大多数是以动物的某一部位、全体或腺体分泌物入药。为了保护日益减少的野生动物资源，开发生物代用品的总体思路是加强药用动物细胞工程研究，利用其活细胞进行细胞培养、组织培养，建立高产、稳定的细胞株和大规模细胞培养体系，并利用其培养细胞、中间代谢产物或培养液，从中诱导或分离具有与野生动物活体部位入药同等或类似生理活性的物质，以取代对野生动物活体的利用。生物制品代用一方面可以起到保护濒危野生动物和数量正在减少的普通药用野生动物的作用；另一方面，因为生物制品一般不涉及活体取材导致动物遭受巨大痛苦的问题，因而也避免了类似"活熊取胆"是否虐待动物、是否侵犯动物权利的伦理问题争论。目前，我国生物制品代用的研究还处于起步阶段，研究成功能够投入生产的品种寥寥无几，但日本、美国等发达国家在生物工程技术方面的发展和应用给我们预示了广阔的前景。相信随着我国生物工程技术的进步，生物制品代用将会成为今后中医药产业发展的重要途径。

人工制品代用是缓解药用野生动物资源濒危、匮乏的又一重要途径。人工代用品是指对药用野生动物中所含药物有效组分、化学成分进行全面系统研究，参照天然动物药的化学成分及组分的相应比例，通过一系列生物化学、生物物理等合成过程，在体外有机组合成类似天然动物药的药品即人工合成品。自然天成的动物药应用是中医遣方用药手段的特色之一，以生物活性度高和副作用小为其优势。人工合成的代用品虽然不符合天然的属性要求，但在天然动物药材濒危或匮乏的情况下，也不失为一种行之有效且可操控性强、经济实用的方法。经过医药科研工作者长期不懈的努力，我国的动物药人工合成制品已经取得显著成果并投入应用。最具有代表性的人工制品是人工牛黄和人工麝香，人工虎骨也已研制成功，行将投入使用。但对于人工制品的代用仍需慎重，虽然人工制品在药物成分和组化方面与天然药物近似，但实际临床疗效可能远远低于天然药物，并且副作用也可能远远高于天然药物。以牛黄为例，国家食品药品监督管理局（SFDA）在《关于牛黄及其代用品使用问题的通知》（国食药监注［2004］21 号）中规定，对于国家药品标准处方中含牛黄的临床急重病症用药品种（包括安宫牛黄丸在内的 42 种）和国家药品监督管理部门批准的含牛黄的新药，可以将处方中的牛黄以培植牛黄、体外培育牛黄替代牛黄等量投料使用，但不得以人工牛黄替代。其他含牛黄的品种可以将处方中的牛黄以培植牛黄、体外培育牛黄或人工牛黄替代牛黄等量投料使用。这一规定的出台给牛黄的人工代用品使用作出了具体规范要求，也从侧面反映了人工代用品的使用还需要进一步深入、系统、全面的研究才能实现对天然药材的完全替代。

　　总的来说，在动物医疗应用实践中，特别是对备受关注和苛责的传统中医药产业而言，应当时刻遵循生命伦理的一般要求，弘扬生态诚信，认真履行人类对物种的义务。在涉及野生动物资源利用时，应根据国家法律法规要求，禁用濒危野生动物、节制利用普通野生动物、适度利用人工繁育动物，在遵循生态多样性和维持生态平衡的原则下，合理发展天然动物药的代用品研究，合理配置有限的自然资源，积极促进关系国计民生的医药产业可持续发展。除此之外，对生产动物的伦理审查也应当提上日程。

第三节　生产动物的伦理审查

　　伦理审查是一个程序性步骤，在程序性内容方面主要包括伦理审查类别、伦理审查机构、伦理审查方式、伦理审查流程。就伦理审查类别而言，主要包括实验动物伦理审查和动物药制品生产应用中的伦理审查，根据前文对动物医疗应用的不同用途分类，本书将中医药产业中涉及药品生产的动物伦理审查称为生产动物伦理审查。

目前，我国现有的医学伦理审查体系中，侧重于对涉及人体生物医学研究的伦理审查，关注动物伦理审查的相对较少。在少量涉及动物伦理审查的资料中，又主要偏向于对动物实验的伦理审查，在现有资料中很难查询到针对动物应用于医疗生产中的伦理审查报告和相关情况。在利用动物入药较多的中医药领域，中医药伦理学界在伦理审查方面关注的重点也同样在实验研究部分，鲜有涉及生产内容的伦理审查。即便有极少几篇关注生产内容的文献资料，也多半侧重于动物药的疗效与安全性评价研究。对生产过程中动物权利和动物福利的伦理问题关注甚少，对涉及野生动物物种义务的伦理审查近乎空白，这也是归真堂"活熊取胆"事件中关于"活熊取胆"的手段是否构成虐待棕熊，以及对棕熊这一物种是否存在侵害的讨论在全国范围内引起轩然大波的原因之一。对类似归真堂这样的中药生产企业缺乏相关的动物伦理审查，从而导致这类药品生产缺乏明确的伦理正当性基础，引起公众质疑便不足为奇。

一、 生产动物伦理审查的必要性

归真堂"活熊取胆"事件的风波给我们的启示除了质疑之外，更多的是应该思考如何解决当前中医药领域利用动物的伦理困境，而对涉及利用动物进行生产的医药生产机构进行必要的动物伦理审查能为解决这一困境提供一种可行的思路。事实上，由于生产动物伦理审查机制缺乏，这使我国中医药产业在国内外都面临着国际贸易、学术交流以及生态文明建设方面的重重壁垒，具体分析如下：

第一，建立生产动物伦理审查机制是克服国际贸易壁垒的需要。当前，生物医学研究和生产领域的项目普遍要接受动物伦理审查，这已成为国际惯例和国际贸易中的通行准则。我国中医药临床研究和动物药制品的生产也不例外，必须遵循这一国际通则才能够得到国际社会的认可和接受。在国际社会，许多发达国家业已建立并完善涉外贸易中的动物福利保护制度。这一方面为国际社会提供了动物福利保护制度的样板，起到积极的示范作用；另一方面，也在国际贸易中构筑起了一种贸易壁垒，相关产品凡不符合这些发达国家设立的动物福利标准的，便极有可能被拒之门外，在国际贸易中处于非常被动的地位。作为发展中国家在WTO规则下，我国的动物福利法律、法规措施的不完善已经成为阻碍我国在动物相关国际贸易中进一步发展的重要因素。

在医药卫生领域，这种贸易壁垒的设置尤其明显。美国和欧盟医药权威机构将医药产品通过国际实验动物评估和认可委员会（Association for Assessment and Accreditation of Laboratory Animal Care，简称AAALAC）认证并接受监督作为技术要求，对包括中国在内的本土药物安全评价机构出具的评估报告不予承认。该协会严格要求在生物科学和医药领域人道、科学地对待动物。当前，AAALAC认证已经成为专业领域实验动物质量和生物安全高水准的象征，是医学前沿研究的国际质量标准，同时也已成为参与国际交流和竞争的重要条件，而我国获得AAALAC认证的医药企业和机构为数甚少，这一局面与我国经济发展速度以及在国际社会中的地位和形象极不协调。对于中医药产业而言，除了在实验研究阶段要面对通常的国际质量标准认真，在产品的生产阶段也要面临国际标准的审核。以归真堂为例，其产品熊胆粉如果想要进军国际市场，不仅在熊胆粉的研制阶段要严格遵守AAALAC的认定标准，在产品形成过程中也会面临AAALAC提出的各种与动物福利相关的质疑与审核，"活熊取胆"之类的采药方式还会成为竞争对手攻击中医药事业的借口和靶子。简言之，如果不对涉及动物利用的中医药产品形成的全过程进行严格而周密的伦理审查，除实验动物的伦理审查之外，对生产环节的生产动物如果没有合格的伦理审查流程，即使中医药产品疗效再好，在国际贸易中的竞争力也会因动物伦理问题而受到影响，有时甚至受到致命的打击。

第二，建立生产动物伦理审查机制是克服学术交流壁垒的需要。在科学研究方面，当实验动物的福利伦理无法得到保障时，实验动物的心理和生理都处于不正常的应激状态，影响生命科学、医学等学科的成果产出、成果转化及创新研究。因此，近年来生命科学界对动物实验伦理审查情况非常重视，高水平的国际期刊要求学术论文的发表必须出具动物福利伦理审查委员会或相类似机构的动物伦理审查报告，在各种学术会议中也非常强调动物实验伦理审查环节。尽管我国当前的动物实验伦理审查与国际先进水平还有一定的差距，但毕竟在国际学术交流的高标准要求下，动物实验伦理审查还是取得了长足进步，并越来越得到医疗科研单位的重视。在中医药生产领域，如果生产动物的福利情况得不到落实，动物的生理、心理机能对药品质量也可能会有影响。因此，就技术层面而言，生产动物的伦理审查也是必要的，并且由此衍生出的学术展示和交流也存在着与实验动物伦理审查同样的壁垒问题。一些中医药产品因为缺乏生产动物的伦理审查，无法走向正常的国际学术交流轨道，更有一些传统中医药产品，因涉及活体取药的方式和利用野生动物入药，尽管疗效显著，但因缺乏动物伦理审查的重要环节，不仅得不到国际学术组织的承认和接纳，甚至被国际学术组织批评和指责。因此，加强医疗应用领域的动物伦理审查特别是对生产动物的伦理审查，是克服国际学术交流壁垒的需要，也是中国生命科学学术与国际接轨的必要途径。

第三，建立生产动物伦理审查机制是生态文明建设的需要。随着医学、生命科学的蓬勃发展和社会文明的不断进步，动物福利与动物医疗应用相关的伦理问题越来越受到关注与重视，人与自然以及人与动物和谐相处的生态伦理思想也在这一领域广泛渗透，人们逐渐认识到善待动物，尊重动物福利不仅是医学科学发展本身的要求，也是生态文明建设的内在要求。一个国家和社会对待动物的态度直接反映着这个国家和社会文明发展的程度。在医疗应用领域加强对动物利用的伦理审查，有助于保护动物基本生存与生活自由，有助于推动动物福利的真正落实，也有助于我国社会文明的发展和国际形象的提升。

　　中医药产业中对动物的利用，除了将动物用作动物实验之外，其特殊性就在于常常利用野生动物活体或者部分组织、器官、分泌物等等材料入药，这种入药方式不仅会直接影响到动物生命，并且会影响到野生动物种群数量和生存情况，而保持生物多样性是生态文明建设的应有之义。习近平同志在十九大报告时指出，"人与自然是生命共同体，人类必须尊重自然、顺应自然、保护自然。要加大生态系统保护力度。实施重要生态系统保护和修复重大工程，优化生态安全屏障体系，构建生态廊道和生物多样性保护网络，提升生态系统质量和稳定性。"建设生态文明，昭示着人与自然的和谐相处，意味着生产方式、生活方式的根本改变。而建立生产动物伦理审查机制，将是传统中医药生产方式的重要改变，是传统中医药生产方式向现代化发展的重要举措，是落实生态文明建设，共同构建人与自然生命共同体的内在需要。

　　2016 年，国家在《中医药发展战略规划纲要（2016－2030 年）》中明确指出，"实施'走出去'战略，推进'一带一路'建设，迫切需要推动中医药海外创新发展。"在这一国家战略背景下，就中医药产业的创新发展而言，建立生产动物伦理审查机制已迫在眉睫。总的来说，建立符合国际标准要求的生产动物伦理审查机制，将人类对物种的义务落实到传统中医药动物资源利用与开发领域，是保护中医药事业长远发展的重要举措，也是我国中医药事业走向国际市场的必由之路，更是在习近平新时代中国特色社会主义思想指导下建设生态文明的应有之义。

二、　生产动物伦理审查的目的、设想与建议

　　在涉及动物利用和人体试验的医学研究中，对人类受试者的保护措施是实施知情同意原则和伦理委员会的伦理审查与监管，但对无法与人类进行语言沟通的动物而言，不适用知情同意原则，只能依靠伦理委员会进行严格的伦理审查确保对动物福利的尊重和落实。具体而言，动物

伦理审查的目的在于禁止无意义滥养、滥用、滥杀动物；制止并避免没有科学意义和社会价值或不必要的动物实验；优化动物实验方案设计，减少动物使用数量；在不影响实验结果的科学性、可比性情况下，采取动物替代方法；保证实验动物生存时（包括运输过程中）享有最基本的五项基本福利：生理自由、环境自由、卫生自由、心理自由、行为自由；防止或减少动物的应激、痛苦和伤害，杜绝针对动物的野蛮和虐待行为，采取痛苦最少的人道方法处置动物。在动物药制品生产中，因涉及动物使用的数量较大，而且随着市场的扩大，产品销量的增长，使用的动物原料数量也会越来越多。在涉及野生动物利用的情况下，就会产生野生动物种群数量的减少，对物种的存亡带来潜在的威胁。因此，在动物的医疗应用中，也必须关注生产领域对动物的利用，尤其是在我国中医药产业历史悠久且发展迅速的情况下，必须对动物药制品生产过程中动物利用予以伦理审查和监管才能避免对野生动物的无度利用造成物种灭绝的悲剧。事实上，对动物药制品过程中的动物利用进行必要的伦理审查，其目的不仅在于落实对物种保护的有效措施，更在于将动物福利要求落到实处，尊重和保护动物。

鉴于生产动物伦理审查机制目前是缺失的，本书只能提出相关建议供政府职能部门参考。在审查机构、形式和流程等方面，建议参照实验动物伦理委员会（英文缩写 IACUC）的审查模式。IACUC 审查一般是参照国际上通行的伦理基本原则，对生命科学研究项目中涉及动物的实验项目进行审查，并做出结论性意见。上世纪 90 年代，我国开始从发达国家引进实验动物伦理审查制度。目前，我国实验动物伦理审查机制主要根据《实验动物管理条例》、《实验动物许可证管理办法》、《实验动物质量管理办法》以及《关于善待实验动物的指导性意见》等法规，并结合我国医药卫生科技发展的现状与趋势执行。从伦理审查制度的确立到各级伦理审查机构的成立，初步建立了我国的实验动物伦理审查体系。但在实际工作中，当前我国各级实验动物伦理审查委员会还存在诸多问题，诸如独立工作条件缺乏、标准操作规程缺乏以及跟踪伦理审查缺乏等等。在生产动物伦理审查机制建立初始，就应当注意尽力避免IACUC 现存的这些问题，争取创造独立工作条件，建立标准操作流程，创设完整的结果传达和跟踪审查机制。

在审查的核心内容方面，除了对动物保护和尊重动物福利措施的审查之外，生产动物伦理审查还应当关注非常重要的一个方面，即加强对涉及野生动物物种种群数量的审查与关怀。换言之，在动物医疗应用中，对生产动物伦理审查的内容除了包括实验动物相关要求之外，还应考虑到因生产规模会影响动物物种和生态多样性的问题。对此，与实验动物伦理审查内容侧重点有所不同的是，涉及动物生产的医药生产企业应该将拟进行的动物药品生产设计一个完整的报告，其中要特别表明：生产目的、计划、规模、所涉及动物物种的野生种群数量以及驯养情况，现实意义，可能的风险包括对所用动物物种数量、种群生存情况、跨物种病毒感染等威胁的风险以及相应的安全保护措施。动物药制品生产企业将生产方案上报给专门任命的伦理审查委员会以考虑、评论和指导，该委员会必须独立于生产企业、且不受其他不适当的影响。同时，该委员会应遵守动物药生产企业所在国家和地区的法律和行政管理条例，委员会有权监督生产的进程，生产企业有义务向委员会提供有关需要监督的信息，特别是严重的不良反应或危及动物物种的事件。生产企业还应把有关赞助单位、生产企业附属关系、其他潜在利益冲突提交给伦理委员会审查。总之，生产动物伦理审查应该保持独立、公正、科学、民主、公开的工作状态，不受政治、商业利益影响，全面、客观地审查和评估医药产品形成过程中的生产动物利用行为，特别是动物福利落实情况和涉及野生动物的动物种群生存情况。

结语　审视动物权利，促进医药事业健康发展

权利语言是人类在现代社会的一种重要话语体系，特别是在政治或道德领域具有举足轻重的作用。"人类语言最重要的功能或尺度（动物语言所不具备的）是描述功能和论证功能。当然，这些功能的发展是我们造成的，尽管它们是我们活动的预想之外的结果。只有在这样丰富的语言内客观意义上的批判性论据和知识才成为可能。"[1] 根据波普尔对人类语言的看法，权利语言是人类创造的，其真正的适用范围通常也只适用于人类，至少在主体意义上，权利是人类用以描述和论证某些社会关系或共同体成员之间关系的一种话语体系，其出发点毫无疑问来自人类。并且，权利并不是天生就有的，人类社会的早期阶段也并不使用权利语言，它是社会发展的精神性产物。然而，非人类动物却是与人类自古以来就一直共生共存于地球上的，在权利话语产生之前，动物并无任何权利的可能性，在此意义上，以天赋价值为基础的动物权利论的理论根基是脆弱的，甚至是虚无的。因此，在一切涉及动物权利论争的现代生活中，都应当认真审视动物权利概念和它所要求的实际意图。

在道德领域，权利是对道德价值的表达。权利所表达的内涵不仅仅是对其他道德行动者的某些要求，更是对权利拥有者的道德价值的肯

1　[英] 卡尔·波普尔：《客观知识：一个进化论的研究》，舒炜光、卓如飞等译，上海：上海译文出版社 2015 年版，第 141 页。

定，是对权利拥有者的内在价值的一种保护。无论侵犯权利拥有者的是不是道德行动者，权利都以一种严肃的方式要求人们去保护它所捍卫的那种价值。动物权利正是这样一种权利，它是对动物道德地位的一种肯定，要求人们以尊重动物内在价值的态度改变对待动物的惯常残忍行为。动物权利论的出现让人类意识到人类中心主义观点存在的诸多问题，为人类理解人与动物、人与自然的关系拓宽了视野。动物权利运动的发展也把人类改变对动物态度、改变对动物利用方式的诉求落实到人类生活实践中去，在涉及动物利用的各个领域都产生了重要影响。在动物医疗应用领域，动物权利运动既促成了"3R"原则等重要理论的产生和运用，也促成了实验动物伦理审查机制的形成和发展，但一些激进要求（例如，停止一切形式的动物利用）和极端攻击也让医学科研和医药生产活动陷入伦理困境。正如施韦泽所说，"伦理不仅与人，而且也与动物有关。动物和我们一样渴求幸福，承受痛苦和畏惧死亡。那些保持着敏锐感受性的人，都会发现同情所有动物的需要是自然的。这种思想就是承认对动物的善良行为是伦理的天然要求。但由于多种原因，这种伦理要求在实行时会迟疑不决。事实上，与只对人类奉献的要求相比，在和我们与之相关的所有动物命运的交往中，会产生更多更复杂的冲突，新的和悲剧性的境况在于，我们在此始终必须在杀生和不杀生之间做出抉择。"[1]

　　就现实而言，在现阶段人类生产力发展水平下，医疗应用领域并无多少"在杀生和不杀生之间做出抉择"的余地，"杀生"几乎是必然的选择。换言之，不论医学目的有多崇高，或目的本身就是向善的，在对动物利用的过程中很难保持道德中立的状态。即便是为在达致人类健康目的的医学事业中，也总是要以对动物生命的伤害或某种权益的侵犯为手段的。就理论而言，要全面理解动物权利概念，强调动物权利并不意味着要一味遵从激进动物权利论者汤姆·雷根所要求的那样，停止一切

---

[1]　陈泽环：《敬畏生命——阿尔贝特·施韦泽的哲学和伦理思想研究》，第8页。

产业对动物的利用。动物保护不能简单等同于动物保护主义，实质意义上的动物保护应该是指反对滥杀、滥捕、滥用动物，而不是把一切动物都当作必须由人主动保护的对象，不能使之有一丝一毫毁损的极端保护主义。主张动物权利，也不能简单理解为承认动物拥有某种权利，而是主张人类要以适当的方式对待动物。基于对利用动物必然性的承认，以及对动物权利的全面解读，本书尝试以马克思主义整体生态观作为理论基础为医疗应用中的动物利用行为进行伦理辩护，在此基础上确立了动物医疗应用的伦理边界，进而分析了中医药产业中动物利用的特殊伦理问题，以及解决这一问题的可能方案。

　　动物权利，究其本质，是权利话语体系中对人类对待动物行为的一种约束性要求的表达。动物并不真正拥有某种实质权利，围绕动物权利的纷争也始终是不同观点的人之间的纷争（以动物是否能够拥有道德主体地位为核心的争论），而不是动物与人类的纷争。因此，当有人高呼"动物权利"时，应当仔细斟酌高呼者的用意，是真正为保护动物、提升人类道德水平、展示崇高道德理想而振臂高呼？还是作为为了某些个人或集团利益而挟制另一方的一种策略或手段？对于前一种目的，当然应给予充分的尊重和支持，因为这是人类文明进步的方向，也是一种美德的实践。对于后一种意图，应当根据具体环境做出尽可能清晰的利益分析和判断，在各种权利观点和权利学说中保持清醒，不盲从权利要求中的激进因素。特别是对我国中医药事业而言，中医药是中华民族繁衍几千年延续和积累下来的经验与瑰宝，是当前我国卫生事业的重要组成部分，并且作为我国医药卫生体系的特色和优势在国际社会中也越来越受到关注和认可，这就涉及国家利益问题。动物药是中医药产业中非常重要的资源，动物药的使用情况对中医药产业的发展有着至关重要的影响，由此"动物权利"就很容易成为国际医药市场中利益博弈的工具。在这种国际形势下，认清动物权利的要求，理性看待动物权利运动，不盲目跟风"先进"（激进）潮流，这对维护中医药产业利用动物的权利，维护中医药事业生存和发展的权利尤为重要。

为保障和促进中医药事业发展，我国在 2016 年制定了《中华人民共和国中医药法》，已于 2017 年 7 月 1 日开始施行。中医药法第一次从法律层面明确了中医药的重要地位和发展方针，不仅要保护我国人民健康，也要在解决健康服务问题上，为世界提供中国方案、中国样本，为世界人民的健康作出中国的独特贡献。2019 年 5 月 25 日，第 72 届世界卫生大会通过了《国际疾病分类第十一次修订本（ICD－11）》，将起源于中医药的传统医学纳入国际疾病分类章节，这标志着中医药正式接入国际主流医学这一分类体系。国内立法的推进和国际主流医学分类体系的纳入，都要求传统中医药产业重视现代动物权利观念，重新审视中医药对待动物的传统态度。在动物医疗应用领域，作为禁令出现的道德义务，主要包括两方面内容：第一，不能无辜伤害动物和毁损其生命，人类不能为了追求自身的健康利益和生存质量而肆意利用动物、杀害动物，尤其是那些不必要的伤害和杀戮；第二，要给动物生命提供基本的供养，在科学合理地设计实验和生产方案的基础上充分尊重动物福利与自由。在中医药产业中，不仅要充分利用现代科学技术和方法，也要融入新的生态伦理观念，将动物权利观点落实到生产实践，充分尊重和保障动物福利，建立生产动物伦理审查机制，促进动物药生产的工业转型升级，弥补中医药在社会形象上的巨大伤害，突破中医药国际贸易和对外发展道路中的学术壁垒、政策障碍和民族歧视，确保中医药产业与自然生态协调发展，进而不断激发中医药发展的潜力和活力，以期更好地为全世界人民的健康服务。因此，本书在完成动物医疗应用道德正当性论证的基础上，突出强调了动物医疗应用的伦理实践原则和生产动物的伦理审查程序，这是基于人类对动物存有道德义务的实践考量和中医药事业健康发展的现实要求。

尽管建立在唯物辩证法基础上的马克思主义整体生态观，能够为动物医疗应用行为的道德正当性提供一种整体立场的辩护，但仍然必须承认一个主要问题：本书的立论视角在一定程度上是基于实用主义原则之上的弱式人类中心主义立场的，由此，本书的观点和论证方式都无法避免人类中心主义理论的共同局限性，即以人为中心的理论立场。为了避免这一局限性的扩展，在本书即将收尾之时仍然强调，应该重视非人类中心主义立场的动物权利论带给我们的几点重要理解：第一，动物并不完全是人类的资源、商品、工具等达成目的的手段，而是具有感受痛苦能力和内在价值的生命；第二，人类对动物的行为必须有一个道德上的限制，这一限制目前以"动物福利"或"动物权利"的语言来表达，这些表达都指涉了强烈的道德义务，要求人类设计和规范出一条和谐的人与动物共处之道。

在对"动物权利"进行全面审思之后，我们在追求人类健康事业进步或其他社会事业进步的过程中，还应该反思对"促进进步"这一目标的理解。"进步"按照我们的意志是一个被认可了的社会利益，个人在不同程度上都会从中受益。在医学科学中，动物实验和动物药制品的生产是人类健康事业进步的一个必要工具，所以以动物医疗应用在此意义上也是一种社会利益，因而我们对此给予以理解和认可，但仅仅是基于人类的理解和认可。鉴于对象的特殊性，动物无法跟人类用人类的语言进行正常沟通和交流，无法表达痛苦，也无从表达抗议，对于进步可能给动物带来的福祉也无法表达期待与欣喜，在这种表达不对等的人类与动物的对象性关系中，人类在追求各种"进步"时应该审慎考虑"促进进步"的目标是否存在着扩张性。这种扩张性也许并不外显，但确实可能超越我们所熟悉的人际关系，跨涉较为复杂的种际关系；也可能超越当代的社会关系，跨涉未来子孙后代的代际关系。因此，面对可能的进步和利益，必须全面衡量道德主体的权利和义务，并且认真落实人类对动物、对自然的责任，这是人类文明发展的内在要求。

当下，诸如动物医疗应用中的人与动物关系及其所涉及的各种伦理问题虽然复杂，但仍然在人类能够掌握和控制的范围之内，至少在哲学伦理学的视域下，还能够寻求一定程度的价值共识。展望未来，科学技术的进步会使我们对客观事物及其规律的认识日益精确，会为我们更好地掌握生命的奥妙提供愈加充分的技术条件，但同时也将带来诸多传统价值观难以回避、且难以解决的道德难题。例如，随着基因技术的发展，克隆动物、转基因动物以及克隆转基因动物等一系列非自然动物的形成技术已逐渐成熟，自然动物的权利问题尚未彻底解决，非自然动物的权利问题又将如何？如何面对这些"人造动物"？是无视那些鲜活的生命体征而视其为纯粹的工具，还是正视生命的尊严而放弃那些可能的"巨大进步"？诸如此类的问题业已成为亲手创造这一切的现代人类所面临的更为复杂的"问题群"。这些问题让我们在对未来美好生命技术图景向往憧憬的同时也心存隐忧，这种隐忧不仅是哲学伦理学对科学发展进程的思考，更是哲学伦理学对维系人类社会的道德基础的关切。对于这些问题和隐忧，尽管目前无法提供能够获得一致认同的答案，但可以相信，人们总会试图在哲学和科学的理论张力中寻求最大限度的平衡，并且努力将技术应用保持在道德合理性限度内，使人在改造自然界的实践活动中真正实现人之为人的全面自由，并在人类与动物的共同体生活中创造新的生活图景。

参考文献

一、 经典著作和工具书资料

国家药典委员会：《中华人民共和国药典（2015）·一部》，中国医药科技出版社 2015 年版。

《马克思恩格斯文集》（第 1 卷），人民出版社，2009 年版。

《马克思恩格斯文集》（第 7 卷），人民出版社，2009 年版。

《马克思恩格斯文集》（第 9 卷），人民出版社，2009 年版。

朱贻庭主编：《伦理学大辞典》，上海辞书出版社 2011 年版。

二、 论著、论文

A

Alasdair Macintyre, *Dependent Rational Animals*, Chicago & La Salle：Open Court Publishing Company，1999.

［奥］阿德勒：《阿德勒人格哲学》，罗玉林等译，九州出版社 2004 年版。

［美］安·兰德：《自私的德性》，焦晓菊译，华夏出版社 2014 年版。

［美］亚伯拉罕·马斯洛：《动机与人格》（第三版），许金声译，中国人民大学出版社 2014 年版。

［英］安德鲁·林基：《动物福音》，李鑑慧译，中国政法大学出版社 2005 年版。

〔古希腊〕亚里士多德：《尼各马可伦理学》，廖申白译注，商务印书馆 2003 年版

〔古希腊〕亚里士多德：《政治学》，吴寿彭译，商务印书馆 2012 年版。

B

Bryan. G. Norton，Michael Hutchins，Elizabeth F. Stevens，*Ethics on the ARK*，Smithsonian Institution，1995.

Bernard E. Rollin，*Animal rights and human morality*，Prometheus Books，2006.

白晶：《动物实验 3R 原则的伦理论证》，《中国医学伦理学》2007 年第 5 期。

〔古希腊〕柏拉图：《柏拉图全集》（第二卷），王晓朝译，人民出版社 2017 年版。

〔英〕边沁：《论道德与立法的原则》，程立显、宇文利译，陕西人民出版社 2009 年版。

C

Catherine Wilson. *Moral Animals*. Oxford：Clarendon Press，2004.

Catharine Grant. *The No-Nonsense Guide to Animal Rights*. New Internationalist™ Publications Ltd，2006.

〔加〕查尔斯·泰勒：《本真性的伦理》，程炼译，上海三联书店 2012 年版。

蔡守秋：《简评动物权利之争》，《中州学刊》2006 年第 6 期。

蔡守秋：《人与自然关系中的伦理与法》（上卷），湖南大学出版社 2009 年版。

曹菡艾：《动物非物：动物法在西方》，法律出版社 2007 年版。

曹明德、刘明明：《对动物福利立法的思考》，《暨南学报》（哲学社会科学版）2010 年第 1 期。

曹孟勤：《成己成物——改造自然界的道德合理性研究》，上海三联书店 2014 年版。

曹孟勤：《人性与自然：生态伦理哲学基础反思》，南京师范大学出版社 2004 年版。

曹文斌：《西方动物伦理的思想根基——人类中心论与机械哲学观》，《遵义师范学院学报》2010 年第 12 期。

曹永福：《柳叶刀的伦理》，东南大学出版社 2012 年版。

崔栓林：《动物地位问题的法学与伦理学分析》，法律出版社 2012 年版。

陈怀宇：《动物与中古政治宗教秩序》，上海古籍出版社 2012 年版。

陈泽环：《敬畏生命——阿尔贝特·施韦泽的哲学和伦理思想研究》，上海人民出版社 2013 年版。

D

Daniel Bonevac. *Today's Moral Issues*. London：McGraw-Hill Higher

Education，2002.

David Sztybel，"Marxism and Animal Rights，" *Ethics and the Environment*，Vol. 2，1997.

Descartes，René，translated by Anthony Kenny. *The Philosophical Writings of Descartes Volume 3*. Cambridge University Press 1991.

Donald R. Liddick. *Eco-terrorism：radical environmental and animal liberation movements*. Praeger Publishing，2006.

［英］达尔文：《人类的由来》（上册），潘光旦、胡寿文译，商务印书馆1997年版。

［英］达尔文：《物种起源》，周建人等译，商务印书馆1995年版。

［美］戴维·德格拉齐亚：《动物权利》，杨通进译，外语教学与研究出版社2007年版。

［美］戴维·斯隆·威尔逊：《利他之心——善意的演化和力量》，齐鹏译，机械工业出版社2017年版。

邓蕊：《科研伦理审查在中国——历史、现状与反思》，《自然辩证法研究》2011年第8期。

E

Elzbieta Posluszna. *Environmental and Animal Rights Extremism，Terrorism，and National Security*. Butterworth-Heineman，2015.

［美］尤金·哈格洛夫：《环境伦理学基础》，杨通进、江娅等译，重庆出版社2007年版。

［美］欧内斯特·卡伦巴赫：《生态乌托邦》，杜澍译，北京大学出版社2010年版。

F

Frans de Waal，*Good Natured：The Origins of Right and Wrong in Humans and Other Animals*，Cambridge：Harvard University Press，1996.

范瑞平：《当代儒家生命伦理学》，北京大学出版社2011年版。

［美］弗朗斯·德瓦尔等：《灵长目与哲学家：道德是怎样演化出来的》，赵芋里译，上海科技教育出版社2013年版。

［英］弗兰西斯·哈奇森：《道德哲学体系》，江畅、舒红跃等译，浙江大学出版社2010年版。

［德］斐迪南·滕尼斯：《共同体与社会》，张巍卓译，商务印书馆2019年版。

G

Gluck JP，DiPasquale T，Orlans FB，eds，*Applied ethics in animal research：philosophy，regulation and laboratory applications*，Purdue University Press，2002.

［美］G. L. 弗兰西恩：《动物权利导论：孩子与狗之间》，张守东译，中国

政法大学出版社 2005 年版。

甘绍平：《当代伦理学前沿探索中的人权边界》，《中国社会科学》2006 年第 5 期。

高岸起：《利益的主体性》，人民出版社 2008 年版。

高英俊等：《完善医学实验动物伦理教育浅谈》，《中国高等医学教育》2010 年第 5 期。

［美］格雷戈里·E. 彭斯：《医学伦理学经典案例》（第四版），聂精保、胡林英译，湖南科学技术出版社 2010 年。

龚群：《道德乌托邦的重构——哈贝马斯交往伦理思想研究》，商务印书馆 2005 年版。

郭辉：《以环境美德为导向的动物保护伦理》，《南京林业大学学报》（人文社会科学版）2012 年第 2 期。

国家中医药管理局《中华本草》编委会：《中华本草》，上海科学技术出版社 1999 年版。

H

［美］H. T. 恩格尔哈特：《生命伦理学基础》，范瑞平译，北京大学出版社 2006 年版。

［德］汉斯·约纳斯：《技术、医学与伦理学：责任原理的实践》，张荣译，上海译文出版社 2008 年版。

［法］霍尔巴赫：《自然政治论》，陈太先、眭茂译，商务印书馆 1999 年版。

［美］霍尔姆斯·罗尔斯顿：《哲学走向荒野》，刘耳、叶平译，吉林人民出版社 2000 年版。

［德］黑格尔：《法哲学原理》，范扬、张企泰译，商务印书馆 1961 年版。

何怀宏：《生态伦理——精神资源与哲学基础》，河北大学出版社 2002 年版。

何怀宏：《生生大德》，北京大学出版社 2011 年版。

何怀宏：《儒家生态伦理思想略述》，《中国人民大学学报》2000 年第 2 期。

何怀宏：《伦理学是什么》，北京大学出版社 2002 年版。

贺争鸣等：《实验动物福利与动物实验科学》，科学出版社 2011 年版。

韩辰锴：《论生态系统的道德地位：对卡恩—约翰逊之争的审视》，《南京林业大学学报》（人文社会科学版）2016 年第 2 期。

I

Immanuel Kant. *Lectures on Ethics*. Edited by Peter Heath and J. B. Schneewind; translated by Peter Heath. Cambridge University Press, 1997.

［德］伊曼努尔·康德：《实践理性批判》（注释本），李秋零译注，中国人民大学出版社 2011 年版。

［德］伊曼努尔·康德：《道德形而上学原理》，苗力田译，上海人民出版社 2005 年版。

［英］以赛亚·伯林：《反潮流——观念史论文集》，冯克利译，译林出版社 2002 年版。

J

Jonas Hans，*The Imperative of Responsibility*：*Insearch of an Ethics for The Technological Age*，University of Chicago Press，1984.

John Passmore，*Man's Responsibility for Nature*：*Ecological Problems and Western Tradition*，Duckworth，1974.

Jonathan Benthall，"Human and Animal Rights，"*Anthropology Today*，Vol. 4，No. 5（Oct.，1988）.

［英］乔治·奥威尔：《动物农场》，孙钟旭译，南京大学出版社 2013 年版。

［美］詹姆斯·P. 斯特巴：《实践中的道德》，程炼等译，北京大学出版社 2006 年版。

［英］杰里米·边沁：《论道德与立法的原则》，程立显、宇文利译，陕西人民出版社 2009 版。

［美］约翰·罗尔斯：《正义论》，何怀宏等译，中国社会科学出版社 2009 年版。

K

［英］卡尔·波普尔：《客观知识：一个进化论的研究》，舒炜光、卓如飞等译，上海译文出版社 2015 版。

L

Lyle Munro. *The Animal Rights Movement in Theory and Practice*：*A Review of the Sociological Literature*. Sociology Compass 6/2，2012.

［加］L. W. 萨姆纳：《权利的道德基础》，李茂森译，中国人民大学出版社 2011 年版。

李军德、黄璐琦、曲晓波：《中国药用动物志》（第 2 版），福建科学技术出版社 2013 年版。

李培超：《伦理拓展主义的颠覆——西方环境伦理思潮研究》，湖南师范大学出版社 2004 年版。

卢风：《科技、自由与自然——科技伦理与环境伦理前沿问题研究》，中国环境科学出版社 2011 年版。

卢风：《应用伦理学：现代生活方式的哲学反思》，中央编译出版社 2004 年版。

卢风：《人类中心主义与非人类中心主义争论的实质》，《清华哲学年鉴 2000》，河北大学出版社 2001 年版。

［法］卢梭：《论人类不平等的起源》，高修娟译，上海三联书店 2011 年版。

［法］卢梭：《论语言的起源兼论旋律与音乐的模仿》，吴克峰、胡涛译，北京出版社 2009 年版。

陆承平：《动物保护概论》，高等教育出版社 1999 年版。

陆国才等：《新药评价教学中应贯穿动物福利思想》，《西北医学教育》2006年第4期。

［英］罗素：《罗素谈人的理性》，石磊编译，天津社会科学院出版社2011年版。

［英］洛克：《政府论》（下篇），叶启芳、瞿菊农译，商务印书馆2009年版。

吕鹏等：《医学动物实验的伦理和法律思考》，《医学与哲学》（人文社会医学版）2009年第6期。

罗国杰：《伦理学》，人民出版社1989年版。

［美］罗纳德·蒙森：《干预与反思——医学伦理学基本问题二》，林侠译，首都师范大学出版社2010年版。

廖小平：《伦理实践：道德认识的逻辑中介和实践基础》，《社会科学家》1994年第2期。

林红梅：《生态伦理学概论》，中央编译出版社2008年版。

林红梅：《动物解放论与以往动物保护主义之比较》，《西南师范大学学报》（人文社会科学版）2006年第4期。

《伦理学》编写组：《伦理学》，高等教育出版社2012年版。

M

Mary Anne Warren, *Difficulties with the Strong Animal Rights Position*, Between the Species, 1986.

Martha C Nussbaum, *Frontiers of Justice*, The Belknap Press of Harvard University Press，2006.

M. Mameli, L. Bortolotti, *Animal Rights*, *Animal Minds*, *and Human Mindreading*, Journal of Medical Ethics，Vol. 32，2006.

M. Ideland, *Different Views on Ethics：How Animal Ethics Is Situated in a Committee Culture*, Journal of Medical Ethics，Vol. 35，2009.

［古罗马］马可·奥勒留：《沉思录》，蔡新苗、史惠莉译，中国华侨出版社2010年版。

［美］迈克尔·J. 桑德尔：《反对完美——科技与人性的正义之战》，黄慧慧译，中信出版社2013年版。

［美］迈克尔·J. 桑德尔：《自由主义与正义的局限》，万俊人等译，译林出版社2011年版。

［德］马克斯·韦伯：《古犹太教》，康乐、简惠美译，广西师范大学出版社2010年版。

［德］马克斯·韦伯：《印度的宗教：印度教与佛教》，康乐、简惠美译，广西师范大学出版社2010年版。

［美］玛莎·纳斯鲍姆：《寻求有尊严的生活——正义的能力理论》，田雷译，中国人民大学出版社2016年版。

莽萍、徐雪莉：《为动物福利立法——东亚动物福利法律汇编》，中国政法大学出版社 2005 年版。

莽萍：《物我相融的世界——中国人的信仰、生活与动物观》，中国政法大学出版社 2009 年版。

［法］米兰·昆德拉：《不能承受的生命之轻》，许钧译，上海译文出版社 2003 年版。

孟祥才、孙晖、王振月：《从生物学角度探讨动物药的特点》，《中药材》，2014 年第 1 期。

P

［澳］彼得·辛格、［美］汤姆·雷根编：《动物权利与人类义务》，曾建平、代峰译，北京大学出版社 2010 年版。

［美］彼得·辛格：《动物解放》，孟祥森、钱永祥译，光明日报出版社 1995 年版。

［美］彼得·辛格：《生命，如何作答》，周家麒译，北京大学出版社 2012 年版。

［美］彼得·S. 温茨：《环境正义论》，朱丹琼、宋玉波译，上海人民出版社 2007 年版。

［古希腊］普鲁塔克：《普鲁塔克全集》（第四卷），席代岳译，吉林出版集团股份有限公司 2017 年版。

Q

邱仁宗：《生命伦理学》，中国人民大学出版社 2012 年版。

［英］齐格蒙特·鲍曼：《共同体》，欧阳景根译，江苏人民出版社 2003 年版。

R

R. G. Frey, *Animal Rights*, *Analysis*, Vol. 37, 1977.

R. G. Frey, *Interests and Animal Rights*, *The Philosophical Quarterly*, Vol. 27, 1977.

［美］理查德 B. 哈里斯：《消逝中的荒野——中国西部野生动物保护》，张颖溢译，中国环境科学出版社 2010 年版。

S

S. Plous, *An Attitude Survey of Animal Rights Activists*, *Psychological Science*, Vol. 2, 1991.

Stephen T. *Newmyer*. *Plutarch and Shelley's Vegetarianism*, *The Classical Outlook*, Summer Vol. 77, 2000.

［古希腊］色诺芬：《回忆苏格拉底》，郑伟威译，台海出版社 2016 年版。

孙江、王利军：《动物保护思想的中西比较与启示》，《辽宁大学学报》（哲学社会科学版）2012 年第 2 期。

［德］叔本华：《伦理学的两个基本问题》，任立、孟庆时译，商务印书馆

2013 年版。

T

Tom Regan. *The nature and possibility of an Environmental Ethic.
Environmental Ethics*, 1981.

Tom Regan, *Defending Animal Rights*, University of Illinois Press, 2001.

［美］汤姆·比彻姆、詹姆士·邱卓思：《生命医学伦理原则》，李伦等译，
北京大学出版社 2014 年版。

［美］汤姆·雷根：《打开牢笼：面对动物权利的挑战》，莽萍、马天杰译，
中国政法大学出版社 2005 年版。

［美］汤姆·雷根：《动物权利研究》，李曦译，北京大学出版社 2010 年版。

［美］汤姆·雷根：《关于动物权利的激进的平等主义观点》，杨通进译，
《哲学译丛》1999 年第 4 期。

［美］汤姆·雷根、卡尔·科亨：《动物权利论争》，杨通进、江娅译，中国
政法大学出版社 2005 年版。

唐凤：《人工熊胆能否替代》，《科学新闻》2012 年第 3 期。

唐凯麟：《德治建设中的一个重要问题》，《道德与文明》2001 年第 5 期。

唐凯麟：《西方伦理学名著提要》，江西人民出版社 2000 年版。

田雅婷：《活熊取胆："残忍"还是"不残忍"》，《光明日报》2012 年 2 月
18 日.

W

［德］瓦尔特·施瓦德勒：《论人的尊严——人格的本源与生命的文化》，贺
念译，人民出版社 2017 年版。

万俊人：《正义为何如此脆弱》，河北大学出版社 2005 年版。

王海明：《新伦理学》，商务印书馆 2008 年版。

王海明：《论道德共同体》，《中国人民大学学报》，2006 年第 2 期。

王海明：《关于道德的起源和目的四种理论》，《吉首大学学报》（社会科学
版），2009 年第 2 期。

王露璐：《乡土伦理》，人民出版社 2008 年版。

王强芬：《医学生眼中的动物实验生命伦理意识调查及分析》，《医学与哲
学》（人文社会医学版）2010 年第 10 期。

汪堂家：《生命的关怀》，复旦大学出版社 2019 年版。

王文全主编：《中药资源学》，中国中医药出版社 2012 年版。

王小锡主编：《中国伦理学 60 年》，上海人民出版社 2009 年版。

武卉昕：《道德价值的实现途径》，《齐鲁学刊》2017 年第 1 期。

X

郇庆治：《重建现代文明的根基——生态社会主义研究》，北京大学出版社
2010 年版。

夏伟东：《道德本质论》，中国人民大学出版社 1991 年版。

夏甄陶：《认识论引论》，人民出版社 1986 年版。

［英］休谟：《人性论》（上册），关文运译，商务印书馆 1997 年版。

熊宁宁、李昱等：《伦理委员会制度与操作规程》，科学出版社 2013 年版

徐向东：《来源的不相容论与道德责任》，《世界哲学》2018 年第 5 期。

徐莹、陈晨、沈玉萍等：《动物药鉴定的研究现状与对策探讨》，《中草药》2014 年第 4 期。

Y

杨青：《国内外医学实验动物福利现状与思考》，《天津药学》2011 年第 4 期。

杨通进：《动物拥有权利吗》，《河南社会科学》2004 年第 6 期。

杨通进：《人对动物难道没有道德义务吗——以归真堂活熊取胆事件为中心的讨论》，《探索与争鸣》2012 年第 5 期。

杨通进：《寻求人类中心主义与非人类中心主义的重叠共识》，《西北大学学报》（哲学社会科学版）2006 年第 2 期。

杨通进：《动物权利论与生物中心论——西方环境伦理学的两大流派》，《自然辩证法研究》1993 年第 8 期。

［澳］伊丽莎白·格罗兹：《时间的旅行——女性主义，自然，权力》，胡继华、何磊译，河南大学出版社 2016 年版。

余谋昌：《从生态伦理到生态文明》，《马克思主义与现实》2009 年第 2 期。

Z

张恩迪、郑汉臣主编：《中国濒危野生药用动植物资源的保护》，第二军医大学出版社 2000 年版。

张华夏：《现代科学与伦理世界——道德哲学的探索与反思》，中国人民大学出版社 2010 年版。

张会永：《动物伦理学中的康德式义务论》，《学术月刊》2020 年第 8 期。

张建英、薛东升：《安宫牛黄丸中天然牛黄与人工牛黄的检识》，《中成药》1993 年第 9 期。

张燕：《动物的道德能力与道德权利——从对达尔文生物进化论的曲解谈起》，《自然辩证法研究》2019 年第 1 期。

张燕：《谁之权利？何以利用？——基于整体生态观的动物权利和动物利用》，《哲学研究》2015 年第 7 期。

张辉、孙佳明、林喆等：《药用动物资源研究开发及可持续利用》，《中国现代中药》2014 年第 9 期。

赵汀阳：《天下的当代性》，中信出版集团 2016 年版。

赵四海、刘恩岐等：《将 4R 原则贯穿实验动物学教学全程以提高医学生科研素质》，《西北医学教育》2012 年第 4 期。

赵兴华：《坚决禁止犀牛角和虎骨的一切贸易活动》，《环境》1994 年第 9 期。

赵迎欢：《高技术伦理学》，东北大学出版社 2005 年版。

中国药材公司：《中国中药资源》，科学出版社 1994 年版。

周光炎、孙方臻主编：《异种移植》，上海科学技术出版社 2006 年版。

朱慧玲：《论纳斯鲍姆及其能力进路对正义主体的拓展》，《道德与文明》2017 年第 3 期。

朱玉峰等：《我国实验动物伦理委员会建设的现状及问题分析》，《医学与哲学》（人文社会医学版）2012 年第 8 期。

后 记

　　这本书是在我的博士论文基础上修改完成的。当这本书进入出版环节时，已是我从医学专业跨入伦理学专业学习、工作的第十个年头，也是我博士毕业之后的第七个年头了。从身边学术圈的出产速度来看，这无疑是一个非常慢的节奏。我的导师王露璐教授在七年前就敦促我把出版计划付诸实施，然而总是因为各种原因一再拖延了进度，以致我在此刻想要在致谢部分第一个感谢恩师时都是无比惭愧的。也许真的是拖了太久，对导师的感谢已无法从那些指导的细节说起，这十年间，尤其是博士毕业之后的时光里，导师对我而言绝不仅仅只是学业上的指导，更多的是一种人生的示范。她的聪慧是我靠学习无法企及的，她的勤奋是我的一面镜子，她的胸怀和格局是令我敬佩的。十年前初入师门时常常会觉得，遇到这么好的老师是何其幸运，十年后这种感觉依然清晰，并且能很确定地说，不仅仅是学习生涯的幸运，而是这一生的幸运！

　　这十年也是我国医药事业（特别是中医药事业）发展非常迅速的十年。2012年，福建归真堂"活熊取胆"事件成为我博士论文选题和写作的楔子。2015年，我的博士论文《谁之权利？如何利用？——伦理视域下的动物医疗应用研究》完成了，论文答辩委员会主席清华大学万俊人教授在答辩会上对论文给予了充分肯定，并鼓励我对中医药领域内利用动物的问题开展更深入的伦理研究。2016年，国家颁布了《中华人民共和国中医药法》（以下简称"中医药法"），为继承和弘扬中医药，保障和促进中医药事业发展，保护人民健康，专门制定了相关法律。随着中医药法的出台，加上万老师在答辩会上的鼓励和建议，我开始对自己接下来的学术研究有了更为清晰的方向和目标。2017年，我以博士论文研究内容为基础，以《中医药产业中动物利用的伦理困境与对策研究》为题申请国家社科基金获得立项，按基金管理规定，必须在项目结项之后才能出版，于是博士论文出版计划就成为基金结项之后的工作计划。"中医药法"的颁布无疑为中医药事业的发展注入了强心剂，2019年年底，新冠病毒开始在世界范围内蔓延，疫情发展的三年时间里，中医药用实际行动和疗效展示了突出的治疗特色与防控优势，为保护中国人民的生命安全和健康作出了重大贡献，也为国际社会疫情防控提供了中国经验和中国智慧。在我的研究课题结题之后，出版计划付诸实施之时，将中医药作为新冠疫情治疗防控体系中重要力量的我们的祖国无疑已经是世界上处理新冠疫情最为负责和最为成熟的国家，这也让我作为一个学术研究者对自己的研究方向更为自信和热爱。

在这本书的写作过程中，我还要感谢很多人。谢谢博士论文答辩委员会的万俊人教授、杨明教授、王小锡教授、曹孟勤教授、孙迎光教授、刘云林教授对我博士论文给予的肯定和宝贵修改意见！谢谢孙春晨研究员、杨义芹研究员、李翰林教授、肖巍教授、费多益教授、赵昆教授在学业中给予的鼓励和引领！谢谢蔡林慧教授、徐强教授、吴先伍教授、李志祥教授在工作上的大力支持和帮助！谢谢李义天教授、谢惠媛教授、张容南教授、文贤庆教授、朱慧玲副教授等师友在学术道路上的交流和启发！谢谢张霄教授、陶涛教授一直以来的批评和敦促！谢谢我硕士期间的导师高卫萍教授、王友法主任、刘虹主任的关心，他们一直关心我学术和工作成长的每一步！谢谢刘昂、焦金磊、王璐、张萌、付同涛、陈静怡、丁可欣等为我的课题和书稿付出辛劳工作！谢谢南京师范大学公共管理学院和校医院的领导、同事们，他们为我提供了良好的学习环境和工作氛围，无论是转岗之前，还是转岗之后，我都在温暖、团结、奋进的集体中工作、生活。

　　最后，谢谢我的家人们！没有他们的支持，我很难从生活琐事中抽出时间来学习新的知识，开启人生新的工作方向。严辉同志不仅仅是我生活中的定心骨，也是我学术思想交流的好伙伴，学术道路上我一点也不孤单。严心黎的成长让我感受到生命的珍贵，以及爱和希望的重要。严誉宁的出生是我学术道路上最大的"绊脚石"，但也带给我人生最大的惊喜。

张　燕

2022 年 3 月于南京仙林

图书在版编目（CIP）数据

动物医疗应用的伦理问题研究/张燕著.
—上海：上海三联书店，2023.6
ISBN 978 - 7 - 5426 - 7937 - 6

Ⅰ．①动… Ⅱ．①张… Ⅲ．①兽医学－医学伦理学－研
究 Ⅳ．①S85

中国版本图书馆 CIP 数据核字（2022）第 218067 号

动物医疗应用的伦理问题研究

著　　者 / 张　燕

责任编辑 / 张大伟
装帧设计 / 刘　悦
监　　制 / 姚　军
责任校对 / 项行初

出版发行 / 上海三联书店
　　　　　（200030）中国上海市漕溪北路 331 号 A 座 6 楼
邮　　箱 / sdxsanlian@sina.com
邮购电话 / 021 - 22895540
印　　刷 / 上海颛辉印刷厂有限公司
版　　次 / 2023 年 6 月第 1 版
印　　次 / 2023 年 6 月第 1 次印刷
开　　本 / 640 mm×960 mm　1/16
字　　数 / 200 千字
印　　张 / 14.25
书　　号 / ISBN 978 - 7 - 5426 - 7937 - 6/S・5
定　　价 / 66.00 元

敬启读者，如发现本书有印装质量问题，请与印刷厂联系 021 - 56152633